全国专业技术人员新职业培训教程

人工智能工程技术人员 初级

人工智能芯片产品实现

人力资源社会保障部专业技术人员管理司　组织编写

中国人事出版社

图书在版编目（CIP）数据

人工智能工程技术人员：初级．人工智能芯片产品实现 / 人力资源社会保障部专业技术人员管理司组织编写．-- 北京：中国人事出版社，2023

全国专业技术人员新职业培训教程

ISBN 978-7-5129-1800-9

Ⅰ.①人… Ⅱ.①人… Ⅲ.①人工智能 - 应用 - 技术培训 - 教材②人工神经网络 - 芯片 - 技术培训 - 教材 Ⅳ.①TP18

中国国家版本馆 CIP 数据核字（2023）第 143724 号

中国人事出版社出版发行

（北京市惠新东街 1 号　邮政编码：100029）

＊

保定市中画美凯印刷有限公司 印刷装订　　新华书店经销
787 毫米 × 1092 毫米　16 开本　12.75 印张　192 千字
2023 年 10 月第 1 版　　2023 年 10 月第 1 次印刷
定价：35.00 元

营销中心电话：400-606-6496
出版社网址：http://www.class.com.cn

版权专有　　侵权必究

如有印装差错，请与本社联系调换：（010）81211666
我社将与版权执法机关配合，大力打击盗印、销售和使用盗版图书活动，敬请广大读者协助举报，经查实将给予举报者奖励。
举报电话：（010）64954652

本书编委会

指导委员会

主　　任：杨建军

副 主 任：吕卫锋

委　　员：龚怡宏　闵华清　陶建华

编审委员会

总 编 审：孙文龙

副总编审：吴东亚

主　　编：任鹏举

副 主 编：张　悦　张　馨　卢瑞炜

编写人员：张先娆　赵文哲　林晓云　楼　薇　胡　康　夏　天　王传杰
　　　　　潘　彪　王进凯　蒋　慧　吴　庚　杨晴虹

主审人员：张　震　赵毅强　白浩杰　丛培勇

出版说明

当今世界正经历百年未有之大变局，我国正处于实现中华民族伟大复兴关键时期。在全球经济低迷，我国加快形成以国内大循环为主体、国内国际双循环相互促进的新发展格局背景下，数字经济发挥着提振经济的重要作用。党的十九届五中全会提出，要发展战略性新兴产业，推动互联网、大数据、人工智能等同各产业深度融合，推动先进制造业集群发展，构建一批各具特色、优势互补、结构合理的战略性新兴产业增长引擎。"十四五"期间，数字经济将继续快速发展、全面发力，成为我国推动高质量发展的核心动力。

近年来，人工智能、物联网、大数据、云计算、数字化管理、智能制造、工业互联网、虚拟现实、区块链、集成电路等数字技术领域新职业不断涌现，这些新职业从业人员通过不断学习与探索，将推动科技创新、释放巨大能量，推动人们生产生活方式智能化、智慧化、数字化，推动传统产业转型升级，为经济高质量发展注入强劲活力。我国在技术、消费与应用领域具备数字经济创新领先优势，但还存在数字技术人才供给缺口较大、关键核心技术领域自主创新能力不足、数字经济与实体经济融合的深度和广度不够等问题。发展数字经济，推进数字产业化和产业数字化，推动数字经济和实体经济深度融合，急需培育壮大数字技术工程师队伍。

人力资源社会保障部会同有关行业主管部门将陆续制定颁布数字技术领域国家职业标准，坚持以职业活动为导向、以专业能力为核心，遵循人才成长规律，对从业人员的理论知识和专业能力提出综合性引导性培养标准，为加快培育数字技术人才提供基本依据。根据《人力资源社会保障部办公厅关于加强新职业培训工作的通知》(人社厅发〔2021〕28号)要求,为提高新职业培训的针对性、有效性,进一步发挥新职业培训促进更好就业的作用,人力资源社会保障部专业技术人员管理司组织相关领域的专家学者编写了全国专业技术人员新职业培训教程,供相关领域开展新职业培训使用。

本系列教程依据相应国家职业标准和培训大纲编写,划分初级、中级、高级三个等级,有的职业划分若干职业方向。教程紧贴数字技术人员职业活动特点,定位于全国平均水平,且是相关数字技术人员经过继续教育或岗位实践能够达到的水平,突出该职业领域的核心理论知识、主流技术及未来发展要求,为教学活动和培训考核提供规范和引导,将帮助广大有意或正在从事数字技术职业人员改善知识结构、掌握数字技术、提升创新能力。

希望本系列教程的出版,能够在加强数字技术人才队伍建设、推动数字经济快速发展中发挥支持作用。

目 录

第一章　人工智能芯片工程基础……………… 001
　第一节　人工智能芯片的基础知识……………… 003
　第二节　人工智能芯片的典型应用……………… 018
　第三节　人工智能芯片技术人员的职业发展……… 024

第二章　人工智能芯片设计…………………… 033
　第一节　数字电路设计与计算机组成基础………… 035
　第二节　芯片功能描述…………………………… 051
　第三节　芯片代码编写…………………………… 064
　第四节　芯片功能检查…………………………… 102

第三章　人工智能芯片验证…………………… 105
　第一节　搭建测试验证环境……………………… 107
　第二节　测试用例执行…………………………… 113
　第三节　模块级芯片验证环境…………………… 124
　第四节　基本验证工具使用……………………… 153

第四章　人工智能芯片典型架构及工具链……… 167
　第一节　人工智能芯片架构……………………… 169

第二节　人工智能芯片软件工具链……………… 185

参考文献……………………………………… 191

后记…………………………………………… 193

第一章
人工智能芯片工程基础

随着现代社会逐渐向信息化的方向迈进，人工智能芯片技术蓬勃发展，成为新的发展趋势，吸引了大量人才投身其中。为了实现人力资源的深度开发，推动经济的全面发展，对人工智能芯片领域的从业人员职业素养和技能知识提出了新的要求。要了解人工智能芯片领域的发展情况，投身人工智能芯片领域的建设，需要具备一定的工程基础。本章从人工智能芯片领域的基础知识出发，介绍了其应用原因、工作原理及技术路径，并列举出典型应用，介绍其发展现状及趋势。掌握这些基本情况是人工智能芯片技术人员的必备素养。最后综合介绍了人工智能芯片技术人员的职业发展，为人工智能芯片从业人员提供从业指导。

- **职业功能：** 了解人工智能芯片领域的基本现状及职业发展。
- **工作内容：** 人工智能芯片领域的基础及其应用范围，为人工智能芯片从业人员提供就业参考及职业发展建议。
- **专业能力要求：** 能够理解人工智能芯片的基础知识；了解人工智能芯片的典型应用、发展现状及其趋势；了解人工智能芯片从业人员的职业发展方向及需要掌握的专业基础知识。
- **相关知识要求：** 人工智能芯片的应用原因；人工智能芯片的分类及不同类别的工作原理；人工智能芯片的技术路径；人工智能芯片的发展现状及其趋势；人工智能芯片技术人员的职业发展。

第一节　人工智能芯片的基础知识

考核知识点及能力要求：
- 了解人工智能芯片的应用原因；
- 了解人工智能芯片的分类；
- 了解不同人工智能芯片的工作原理及技术路径。

随着现代社会迈入信息化、智能化的大数据时代，数据的爆发式增长对芯片的计算能力提出了新的挑战。人工智能（artificial intelligence，AI）芯片模拟人脑神经网络对信息感知和决策的方式进行信息的收集、传输、处理和存储，有望成为大数据及人工智能时代应对海量实时数据的颠覆性核心硬件。AI芯片作为"十四五"规划的首要科技前沿攻关领域，已成为目前引领新一轮产业变革、促进社会发展的重要推动力。

人的大脑中包含由许多神经细胞组成的神经网络，可以通过细胞间的连接传达信息并建立记忆。具有这种作用的神经细胞被称为神经元，它们之间的连接被称为突触。AI芯片使用模拟神经元和突触的数学模型和算法，构建以数值计算为基础的虚拟超级脑，并最终在硬件上建立新型的计算结构与智能形态。从所使用的数学模型和算法的角度，AI芯片可以分为两大类：借鉴大脑的分层处理机制的深度学习芯片和借鉴神经动力学的神经形态芯片，如图1-1所示。前者基于深度神经网络（deep neural network，DNN），提供高性能的深度学习引擎。后者借鉴大脑时空关联特性，基于脉冲神经网络（spiking neural network，SNN），采用众核分布与存算一体架构，提供人工通用智能的解决方案。虽然深度学习芯片代表了目前人工智能领域的先进技术，并在某些方面超越了人脑，但其时空表达能力和泛化通用性仍远不如人脑。神经形态芯片虽然更接近于人脑的信息处理方式，但其内在机理和应用场景尚不够清晰成熟。因此，这两种AI芯片，目前正处于相互借鉴、彼此促进、协同发展的阶段。

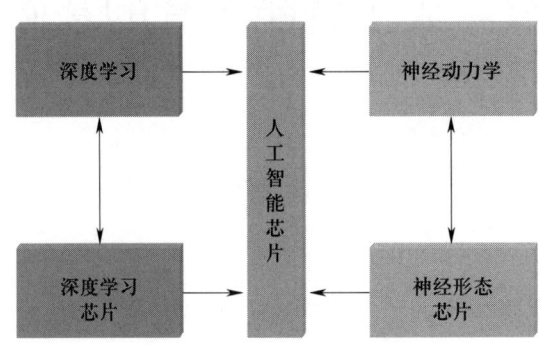

图1-1　AI芯片的分类

一、深度学习芯片

一个生物神经元由树突、细胞体、突触及轴突构成，其中包括多个树突用于接收传入信息，一条轴突和尾端的轴突末梢用于给其他多个神经元传递信息。轴突末梢跟其他神经元的树突产生连接的位置叫作"突触"。如图1-2所示。

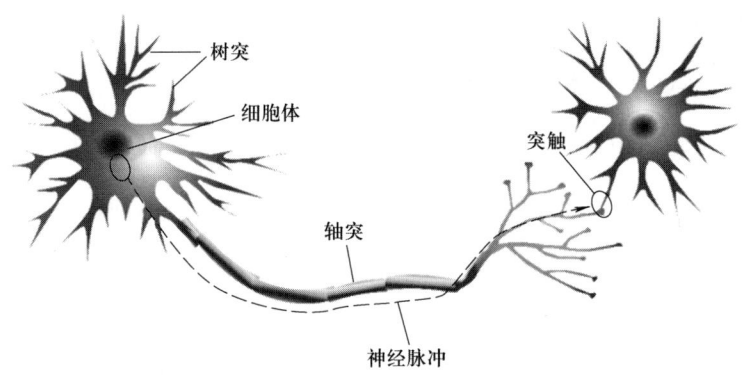

图1-2　大脑中神经网络示意图，包含神经元和突触

单个神经元只有激活与未激活两个状态，激活条件为从其他神经元接收到的输入信号量总和达到一定阈值。神经元被激活后，电脉冲产生并沿着轴突经突触传递到其

他神经元。通常，我们用"感知机"的概念模拟神经元行为，需要考虑权重（突触）、偏置（阈值）及激活函数（神经元）等，如图1-3（a）所示。将大量的感知机模型进行组合，用不同的方法进行连接并作用在不同的激活函数上，就构成了具有多个隐藏层的多层感知机或人工神经网络，如图1-3（b）所示。随着隐藏层数目的进一步增加，神经网络的功能进一步增强，开始具备强大的计算处理和学习能力，能够代替人类从事部分脑力劳动和处理知识性工作，从而就形成了我们现在所熟知的深度学习或DNN。目前基于DNN的深度学习芯片已经被广泛应用于图像识别、语音识别、自动驾驶、医学诊断等领域，形成了上千亿元的产业生态并且还在不断高速增长。

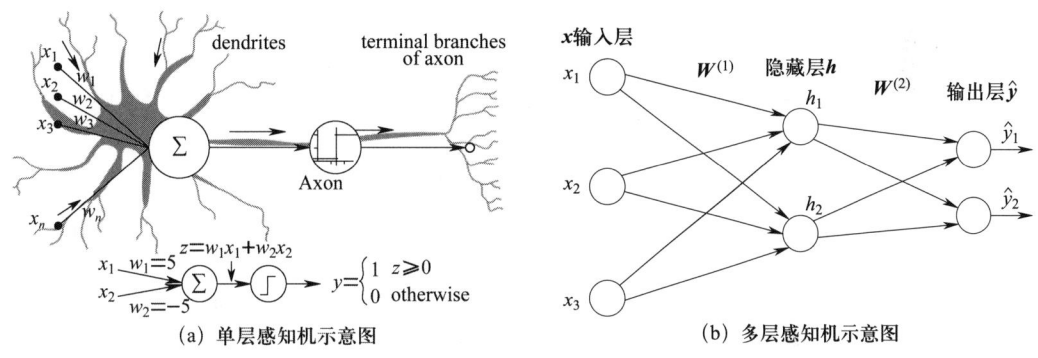

图 1-3　感知机模型示意图

在日渐成熟的深度学习理论基础上衍生出多种深度学习处理器芯片，从电路实现的角度可以分为：通用处理芯片，即中央处理器（central processing unit，CPU）和图形处理器（graphics processing unit，GPU）；可编程逻辑芯片，即现场可编程逻辑阵列（field programmable gate array，FPGA）。除此之外还有专门为神经网络算法开发的专用集成电路芯片（application specific integrated circuit，ASIC），典型的如谷歌研制的张量处理单元（tensor processing unit，TPU）、麻省理工学院研制的卷积神经网络加速芯片Eyeriss和我国中科院计算所研制的"DianNao"芯片等。专用集成电路芯片的特点是：针对人工神经网络算法的关键操作进行硬件固化或者加速，相比传统CPU和GPU，具有速度更快和功耗更低的优势。但是这类芯片通常面向特定领域的专门应用，并且需要大量的数据训练神经网络，其较长的设计迭代周期也增加了芯片的开发应用成本。这三类典型的深度学习处理器芯片的硬件实现方式的对比如图1-4所示。

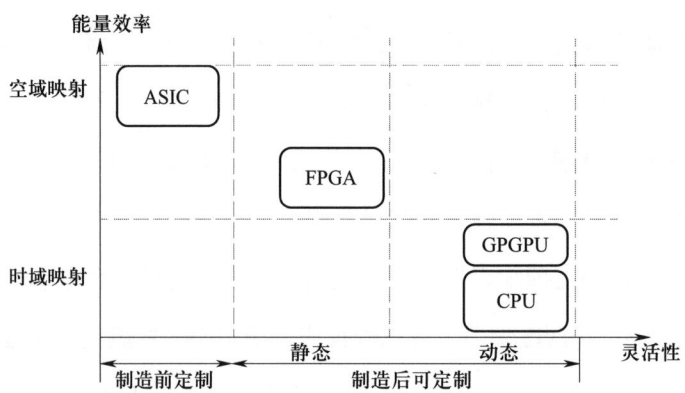

图1-4　几种典型的深度学习处理器芯片的硬件实现方式的对比

二、英伟达公司的 GPGPU 芯片

提到人工智能芯片，就不得不提及英伟达公司的 GPGPU 芯片。

CPU 具有灵活的可编程性，通过冯·诺依曼结构可以加载各种各样的应用，但与此同时，CPU 必须不断地从内存或者缓存中获取指令和数据，再将每次计算的结果保存到缓存或者内存之中。随着传输数据的不断增加，内存访问成为 CPU 架构的不足，被称为冯·诺依曼瓶颈。CPU 采用有限的算术逻辑单元（arithmetic logical unit，ALU），需要不断地从层次化的存储结构中读取和写入数据，这种架构有限的并行度和存储带宽的约束限制了 CPU 所能达到计算的吞吐量，并且数据搬移的能耗远远大于计算本身的能耗，对于大规模并行运算并不友好。

随着大型 3D 游戏等应用和显示技术等硬件的快速发展，CPU 有限的并行度越来越难以满足图形图像渲染等高实时处理的需求，市场催生出了专门用于图形图像处理的 GPU 芯片，图形图像处理任务由 GPU 以协处理器的方式配合 CPU 完成专门的计算，在满足显示技术的同时，也提升了计算机的整体效能。

随着信息技术的不断发展，高并发性计算需求不断增长，GPU 潜在的并行计算处理能力受到业界关注。英伟达公司为了推动 GPU 从专用计算芯片走向通用计算处理器，推出了通用图形处理器（general-purpose computing on graphics processing unit，GPGPU），并于 2006 年发布了并行编程模型统一计算设备架构（compute unified device architecture，CUDA）。GPGPU 和 CUDA 组成的软硬件数字基座，构成了英伟达公司引领 AI 计算的根基，有力地支撑了过去十多年深度学习的发展和繁荣。现代 GPGPU 支持深度学习的高效运行，主要得益于它的四个核心特性。

1. 简化计算核心的电路结构

GPGPU 整个计算处理过程可以理解为流式处理（stream processing）的过程。与专注于提升指令并行的 CPU 不同，GPU 去掉了分支预测、乱序执行等复杂电路，只保留取指令、指令译码、ALU 以及执行这些计算所需要的寄存器和缓存。如图 1-5 所示，可以把这些电路抽象成三个模块，分别是取指令和指令译码模块、ALU 模块和执行上下文模块。

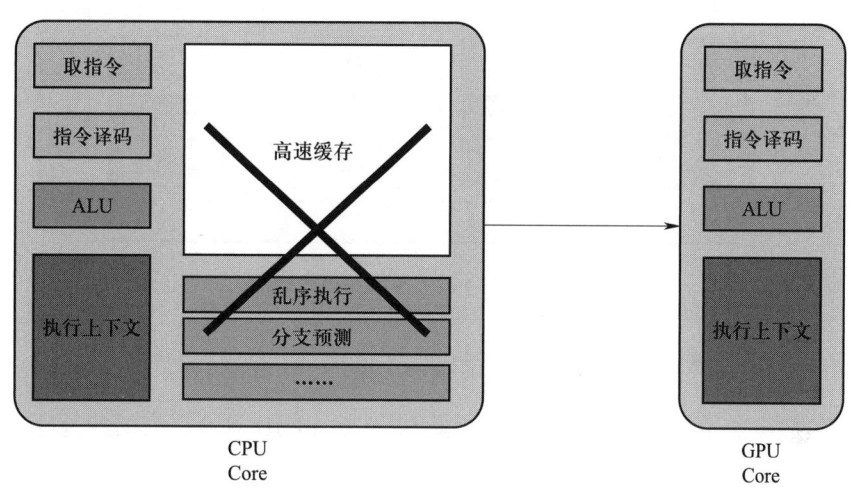

图 1-5　CPU 和 GPU 基本架构

2. 大规模多核并行

GPGPU 计算核心的电路结构比 CPU 的电路结构要简单很多，这样一来就可以在单个芯片内集成数目众多的计算核心，进而提供更高水平的线程级并行度，如图 1-6 所示。

3. 引入单指令多线程（single instruction multiple threads，SIMT）

CPU 为了提高对于向量、矩阵的数据并行处理能力，采用了单指令多数据（single instruction multiple data，SIMD）的处理技术，即一条指令同时处理多个数据。例如，普通标量加法指令一次只能对两个标量执行一个加法操作，而一个 SIMD 加法指令一次可以对两个数组内的所有元素同时执行加法操作。GPGPU 借鉴了 SIMD 的设计思路，并进一步抽象为 SIMT 技术。在支持 SIMD 的计算核心中，一次性取出固定长度的一组

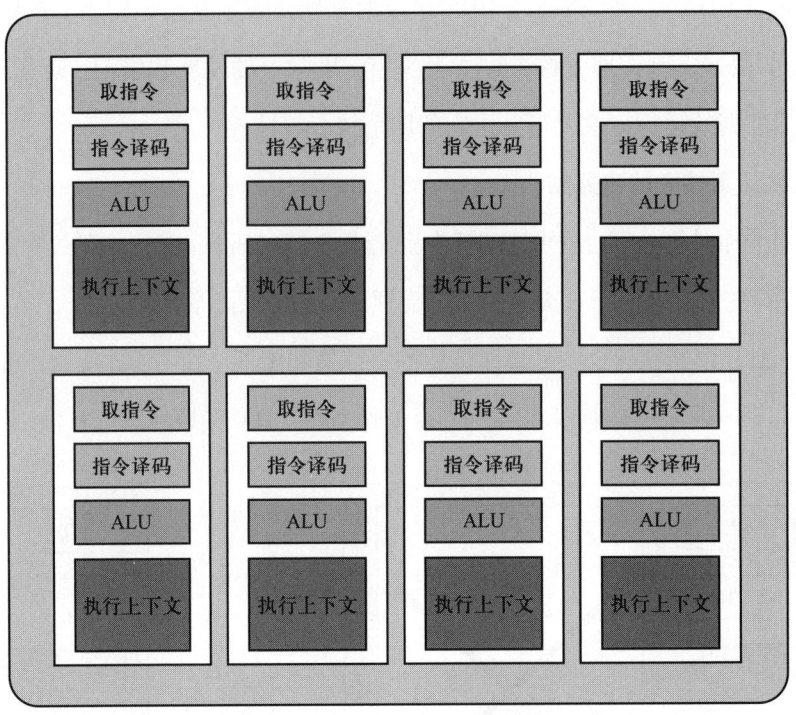

图1-6 GPGPU的多核并行示意图

数据放到向量寄存器中,并采用多个功能单元同时完成一组数据的并行处理,而SIMT可以把多条数据交给多个线程去处理,因此SIMT比SIMD具有更高的并行度。

在遇到数据相关的分支跳转时,执行相同指令流程的线程会根据数据的不同执行不同的指令分支,同时考虑到功能单元的多样性,一个GPGPU计算核心包含多个ALU,如图1-7所示。

4. 同时多线程技术

虽然GPGPU的应用主要以数值计算为主,但是作为一个通用计算的架构,GPGPU的指令和操作数需要从层次化的存储结构中获得,遇到长延时的数据访问等待时,GPGPU会遇到和CPU类似的流水线停顿问题,这时候可以采用同时多线程(simultaneous multi-threading,SMT)技术,通过线程的上下文切换(context switch),将发生长延时的线程暂时挂起,调度其他具备执行状态的线程,继而提高计算核心的资源利用率。值得注意的是,同时多线程技术可以提高GPGPU的计算吞吐率,但是可能会导致某个线程执行时间的变长,如图1-8所示。

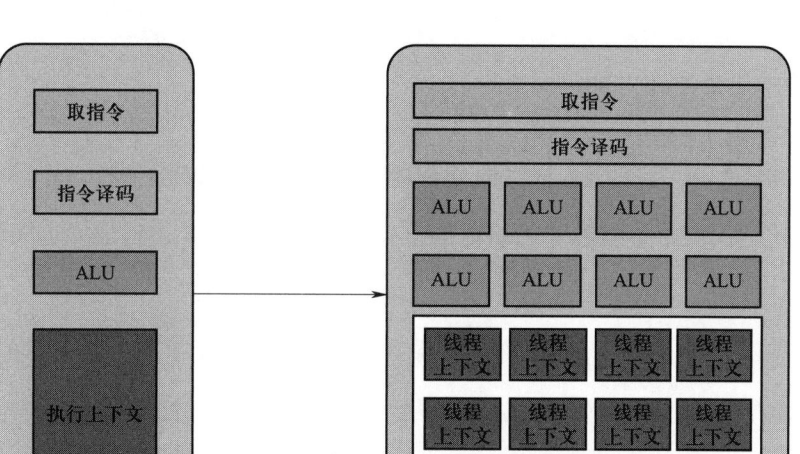

图 1-7 单指令多线程

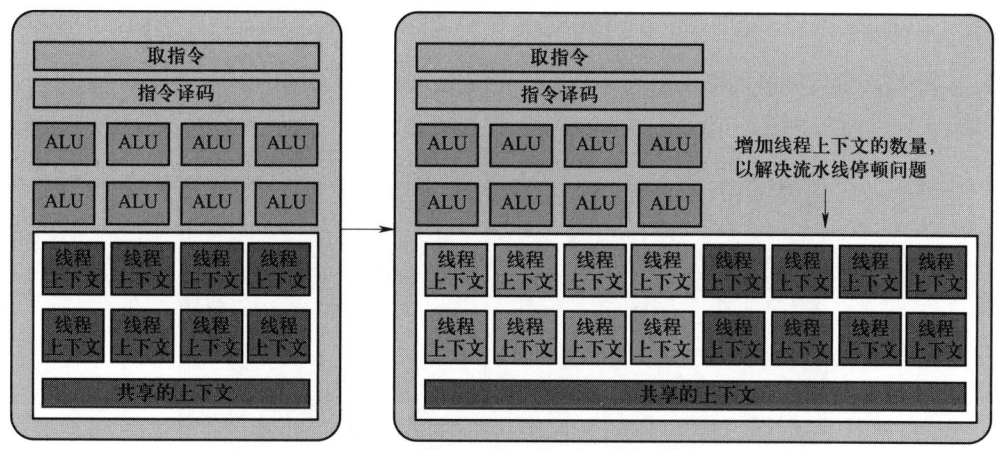

图 1-8 GPGPU 里的同时多线程技术

对于计算密集型的深度学习计算而言，可以抽象为向量、矩阵和张量运算，存在大量的线程级和数据级的并行度，因此，对于深度学习计算任务而言，采用 GPGPU 所花费的时间往往比 CPU 减少一到两个数量级。大型的深度学习模型计算往往又是多卡并行，要花费数天乃至数月才能够完成，这时继续使用 CPU 显然就不合适了。同时在目前市场上，同等价格的 CPU 和 GPGPU 速度差可能在十倍以上，同等性能的 CPU 和 GPGPU 价格差可能也会接近十倍。GPGPU 的快速发展，在一定程度上支持了过去十多年来深度学习的繁荣。

三、领域专用处理器

CPU 和 GPGPU 都是通用计算的处理器,但是随着多种应用的发展,计算需求越来越细分化,人们希望有芯片可以更加符合自己的专业需求,满足特定应用的功耗、性能等约束条件。谷歌的张量处理器(tensor processing unit,TPU)芯片就是这一发展趋势的代表性产品,TPU 是谷歌专门为提高深度神经网络运算效能而研发的领域专用处理器,也是一款针对谷歌 TensorFlow 平台的可编程 AI 加速器,其内部的指令集可以支持 TensorFlow 的程序变化和算法更新,专门用于神经网络运算。TPU 芯片为谷歌的主要产品提供了计算支持,包括翻译、照片、搜索助理和 Gmail 等。

深度学习的推理过程是由很多层的计算组成的,每一层的计算过程可以抽象为向量/矩阵乘法,再进行累加,接着调用非线性的激活函数,最后进行归一化(normalization)和池化(pooling)处理。谷歌第一代 TPU 芯片是一款推理芯片,整体硬件架构如图 1-9 所示,完全按照深度神经网络单层的计算流程和数据读写特点来进行设计。

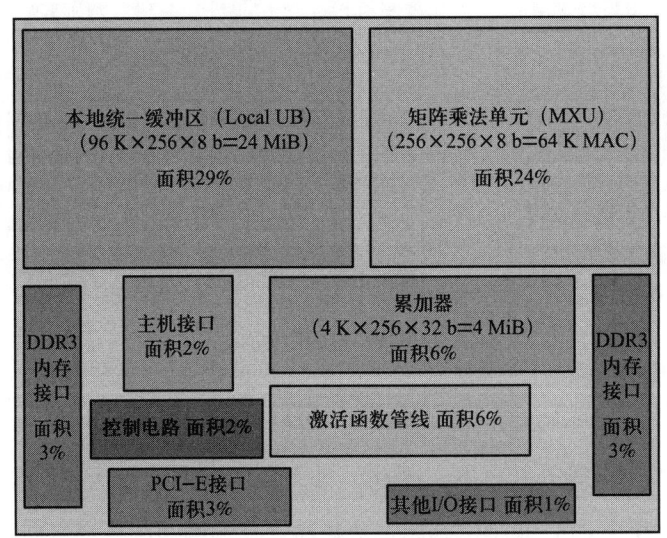

图 1-9 第一代 TPU 芯片模块图

该芯片主要用于神经网络计算,包括采用脉动阵列结构的矩阵乘法单元(matrix multiply unit)、累加器(accumulators)模块、激活函数(activation)模块、归一化和池化模块,以及片上缓存、DDR、PCI-E 和其他 I/O 接口。

从芯片面积占比的角度来看，控制电路部分只占了2%，这是因为TPU的计算过程基本上是一个固定的流程，不像CPU那样有各种复杂的控制功能。另外，有超过一半的TPU面积都被用来作为本地统一缓冲区（local unified buffer）和矩阵乘法单元（matrix mutliply unit）。

在深度学习推理过程中，相比于累加器、激活函数以及后续的归一化和池化，高效的矩阵乘法是最为关键的操作，因此，TPU将更多的晶体管用于矩阵乘法单元。统一缓冲区一般是由静态随机存取存储器（static random-access memory，SRAM）这样高速的存储电路组成的，因为在整个推理过程中，它主要用于权重和特征图数据的存储，计算过程中会高频、反复地被矩阵乘法单元读写。与动态随机存取存储器（dynamic random access memory，DRAM）相比，SRAM具有更高的速度，但是每存储1 bit数据需要6个晶体管，所以占用了较大的芯片面积。

关于TPU的使用效果，谷歌在相关论文里面给出了答案。一方面，在性能上，TPU在深度学习推理任务上的处理速度比现有的CPU和GPU快了15～30倍，在能耗比上更是好出30～80倍。另一方面，谷歌数据中心里95%的推断任务，已经替换为TPU芯片来进行处理，用实际业务证明了领域专用处理器的高效性。

四、神经形态芯片

神经形态计算的概念由来已久。早在1990年，加州理工学院的米德（Mead）教授就提出了"神经形态计算"这个概念，并将其定义为"采用模拟器件仿真生物神经系统的集成电路来实现大规模并行的自适应计算系统"，旨在借鉴生物脑神经网络思想来提升计算能效。可以看到，其核心载体是集成电路，关键词包括"神经动力学""仿真生物神经系统""大规模并行"与"自适应"等，这些关键词也成为神经形态芯片领域需要突破的关键技术。神经动力学研究表明，信息在人脑神经元中是以精准的脉冲序列来处理和传递的。受此结果启发，国内外研究人员将脉冲发射频率作为脉冲神经元的信息编码方式，提出了一系列行为学和仿生学模型。具体来说，经典的脉冲神经元动力学模型主要有三个：泄漏积分激发（leaky integrate and fire，LIF）模型、伊兹科维奇的Izhikevich模型以及Hodgkin-Huxley的HH（Hodgkin-Huxley）模型。

随后，加拿大科学家赫布最早提出脉冲神经突触的学习，即 Hebb 规则：脉冲神经突触的连接强度随着突触前后神经元的活动而变化，变化量与两个神经元的活性之和成正比。随后，毕国强和蒲慕明通过海马体神经细胞实验，将脉冲时间这一变量加入 Hebb 规则，提出了基于脉冲时间依赖可塑性的兴奋性突触学习规则，即经典的 STDP（spike timing dependent plasticity）模型。一种典型的基于 LIF 神经元模型和 STDP 学习规则的 SNN 模型如图 1-10 所示。

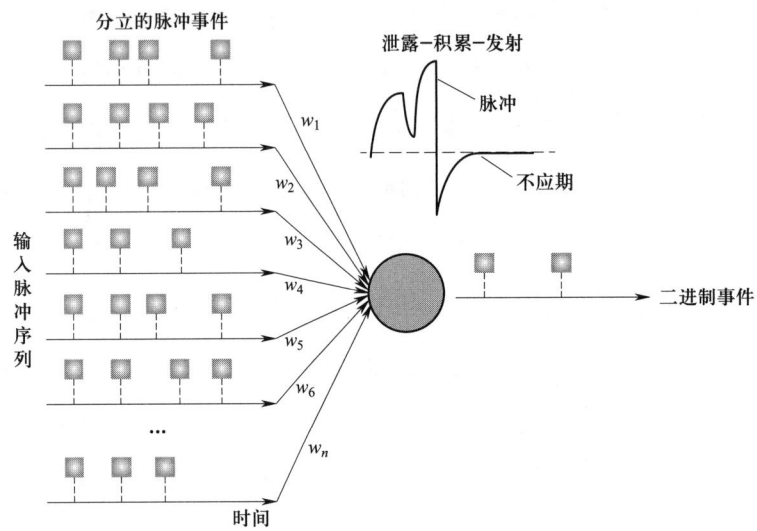

图 1-10 SNN 模型

自 2000 年以来，国内外一系列"脑计划"的成功实施推动了神经形态计算芯片的快速发展，并诞生了一系列代表性研究成果。根据芯片介质与实现原理的不同，主要技术路径可归为如下三类：

（1）基于半导体硅器件的数字电路实现。代表性工作如国际商业机器公司（IBM）TrueNorth 芯片（2011、2014）、高通公司 Zeroth 芯片（2013）、曼彻斯特大学 SpiNNaker 芯片（2014）、英特尔（Intel）公司 Loihi 芯片（2018）、国内清华大学 Tianjic 异构芯片（2019）、浙江大学和杭州电子科技大学达尔文系列芯片（2015—2019）、中科院半导体所 CASSANN 系列芯片（2017）等。

（2）基于半导体硅器件的数模混合电路实现。代表性工作如海德堡大学 BrainScales 与 Rolls 系列芯片（2010）、斯坦福大学 Neurogrid 芯片（2014）、SynSense

DynapCNN 芯片（2019）等。

（3）基于新型微纳器件的数模混合电路实现。这类芯片以忆阻器（ReRAM）为典型代表，主要基于 ReRAM 和半导体硅器件的混合集成，利用 ReRAM 本征的动力学特性或模拟阻变特性来实现生物神经元与神经突触行为，有望实现存算一体类脑神经形态计算，近几年成为国内外研究热点。

综上所述，迄今发布的各类神经形态计算芯片从规模与能效等方面相比人脑（约 e^{11} 神经元、约 e^{15} 神经突触、能效为 1～100 fJ/脉冲）还存在巨大差距，未来还需要继续突破关键技术。

五、深度学习框架

接下来介绍目前流行的深度神经网络框架。

近年来，随着深度学习算法的爆炸式发展，出现了大量的深度学习框架，包括 Theano、TensorFlow、PyTorch、MXNet 和 PaddlePaddle 等，如图 1-11 所示。深度学习框架是将深度学习算法中的基本操作封装成一系列组件，进而构成的一套软硬件结合的框架。深度学习算法运行对硬件环境的依赖度很高，对于开发者有较高的门槛，而深度学习框架则可以屏蔽大量硬件环境层面的开发代价，帮助算法开发人员更加便捷地实现已有算法或设计新的算法，同时也有助于硬件程序员更有针对性地对关键操作进行优化，使其能充分发挥硬件性能。因此，深度学习框架的意义在于使软件设计人员专注于算法的设计，芯片设计人员专注于底层计算结构的具体实现，从而大幅度提升人工智能应用软硬件的开发速度。

图 1-11　常见的深度学习框架示意图

在众多的深度学习框架中，PyTorch 和 TensorFlow 的使用人数排名前二。数据表明，从 2019 年开始，在人工智能领域的各大顶级会议中，PyTorch 的使用人数开始超过 TensorFlow。2021 年，PyTorch 的使用人数更是达到 TensorFlow 的 3 倍以上。2022 年，PyTorch 在人工智能领域顶级国际会议论文中被使用的占比已经达到 80%，成为名副其实的第一深度学习框架。

PyTorch 是一个开源的 Python 机器学习库，其前身是 2002 年诞生于纽约大学的由 Lua 语言编写的 Torch。2017 年 1 月，PyTorch 由 Facebook（现更名为 Meta，来源于元宇宙 Metaverse）人工智能研究院推出。基于 Python 语言的计算包提供两个高级功能，即兼顾 GPU 加速的张量计算和包含自动求导系统的深度神经网络实现。随后，经过多次的版本更新，到 2023 年 1 月，PyTorch 已更新至 1.13.1 稳定版本。

下面简要介绍一下 PyTorch 的安装及环境配置方法。PyTorch 官网提供了针对不同操作系统（Linux、Windows 和 MAC）、不同安装手段（Conda、Pip 等）和不同硬件支持（CPU、GPU）的安装方法。以 Linux 系统中基于 Pip 的安装为例，安装方法为：

```
pip3 install torch torchvision torchaudio --extra-index-url https://download.pytorch.org/whl/cpu
```

在 PyTorch 中，一个最重要的概念就是张量（tensor）。张量是一个数学概念，属于矢量概念的推广，也可以认为矢量是一阶张量。PyTorch 中的维度为 3×3 的二阶张量可以表示为：

```
Tensor ( [[0.6972, 0.0231, 0.3087],
          [0.2083, 0.6141, 0.6896],
          [0.7228, 0.9715, 0.5304]] )
```

torch.Tensor 是一种包含单一数据类型元素的多维矩阵，PyTorch 定义了七种 CPU 张量类型和八种 GPU 张量类型，具体内容见表 1-1。

表 1–1　　　　　　　　　CPU 张量类型和 GPU 张量类型

数据类型	CPU 张量	GPU 张量
32–bit floating point	torch.FloatTensor	torch.cuda.FloatTensor
64–bit floating point	torch.DoubleTensor	torch.cuda.DoubleTensor
16–bit floating point	N/A	torch.cuda.HalfTensor
8–bit integer（unsigned)	torch.ByteTensor	torch.cuda.ByteTensor
8–bit integer（signed）	torch.CharTensor	torch.cuda.CharTensor
16–bit integer（signed）	torch.ShortTensor	torch.cuda.ShortTensor
32–bit integer（signed）	torch.IntTensor	torch.cuda.IntTensor
64–bit integer（signed）	torch.LongTensor	torch.cuda.LongTensor

PyTorch 能够完成神经网络训练和推理的一个很重要的原因是动态图和自动求导机制。在 PyTorch 中，首先根据神经网络的结构和组成定义一个计算图，并使用自动微分来计算梯度。计算图可以分为静态图和动态图两种。在 TensorFlow 中，只需要定义计算图一次，后续就会重复执行这个相同的图，这称为静态计算图。在 PyTorch 中，每一个前向推理的操作都会定义一个新的计算图，后续的每一次迭代都使用一个新的计算图进行计算，这称为动态计算图。有了张量和动态计算图，我们就可以在 PyTorch 中使用变量的 requires_grad 标志和 volatile 标志从梯度计算中精细地排除子图，实现自动求导。其中 requires_grad 表示该变量是否需要自动求导，例如：

```
>>> x = Variable(torch.randn(5, 5))
>>> y = Variable(torch.randn(5, 5))
>>> z = Variable(torch.randn(5, 5), requires_grad=True)
>>> a = x + y
>>> a.requires_grad
False
>>> b = a + z
>>> b.requires_grad
True
```

在上述例子中,由于 x 和 y 两个变量的 requires_grad 标志均为 False,因此二者相加得到的变量 a 也是 False,即不需要自动求导。而变量 z 的 requires_grad 标志为 True,因此由 a+z 得到的变量 b 是需要自动求导的。

由于篇幅所限,关于 PyTorch 的更多相关资料,感兴趣的读者可以参考 Pytorch 中文文档或前往官方网站下载。

六、PaddlePaddle 深度学习框架

深度学习框架的发展历史并不长,从 2010 年深度学习开源框架的鼻祖 Theano 算起,至今也不过才十几年的时间。然而,深度学习框架的发展速度却超乎人们的料想。目前,TensorFlow、PyTorch 等深度学习框架在技术上已经非常成熟,代表了深度学习框架研发和生产中 90% 以上的用例。然而,随着以美国为代表的西方开始对我国实施技术管控,拥有自主创新的深度学习框架成为我国社会发展的刚需。

百度是最早一批开展深度学习框架研究的企业,从 2012 年开始,百度就大规模采购和建立 GPGPU 运算集群,培养和吸纳大批人工智能领域人才,经过多年的探索、积累和沉淀,在 2016 年正式开源了国内第一个深度学习框架 PaddlePaddle,中文名为"飞桨"。飞桨集深度学习核心训练和推理框架、基础模型库、端到端开发套件、丰富的工具组件于一体,如图 1-12 所示,具有多项独特优势。①便捷的开发框架。飞桨可实现对动态图和静态图的同时编程,在兼顾易用性的同时可保持高效率。动态图和静态图的结合可以为开发者提供方便的接口的同时保持高效的底层平台支持,大大降

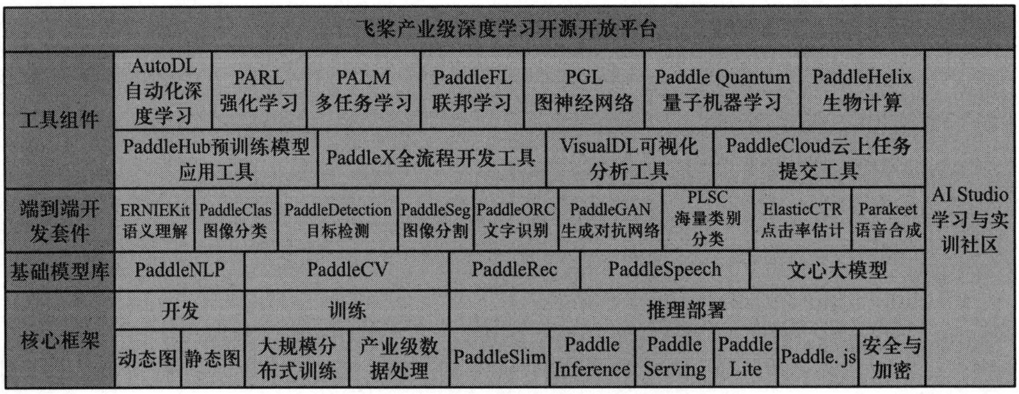

飞桨产业级深度学习开源开放平台											
工具组件	AutoDL 自动化深度学习	PARL 强化学习	PALM 多任务学习	PaddleFL 联邦学习	PGL 图神经网络		Paddle Quantum 量子机器学习		PaddleHelix 生物计算			AI Studio 学习与实训社区
^	PaddleHub 预训练模型应用工具			PaddleX 全流程开发工具			VisualDL 可视化分析工具			PaddleCloud 云上任务提交工具		^
端到端开发套件	ERNIEKit 语义理解	PaddleClas 图像分类	PaddleDetection 目标检测		PaddleSeg 图像分割	PaddleORC 文字识别	PaddleGAN 生成对抗网络	PLSC 海量类别分类	ElasticCTR 点击率预估		Parakeet 语音合成	^
基础模型库	PaddleNLP		PaddleCV			PaddleRec		PaddleSpeech			文心大模型	^
核心框架	开发		训练			推理部署						^
^	动态图	静态图	大规模分布式训练 || 产业级数据处理	PaddleSlim	Paddle Inference	Paddle Serving	Paddle Lite	Paddle.js || 安全与加密	^

图 1-12 百度飞桨产业级深度学习开源开放平台

低了设计程序的成本和复杂度。②超大规模深度学习模型训练技术。针对大规模的工业应用场景，飞桨可提供分布式训练，以支持万亿规模参数模型的实时更新和训练能力。同时，面对大型分类任务时，也可对模型进行并行训练，有效缩短训练时间。这方面目前的深度学习开源框架中可能只有 TensorFlow 能与之相比。③产业级开源模型库。从 2019 年开始，飞桨的能力逐渐下沉，开始与产业经济和生产一线相结合，其平台上也有越来越多类似的人工智能项目运行，如智能质检、对于农产品的智能分拣等。飞桨通过大量的产业实践，积累了应用效果最佳的算法模型。目前飞桨平台上开源了 140 多种模型，包括工业级的预训练模型。开发者在使用这些模型时，只要针对自己的应用场景进行小数据量的迁移学习即可。

2020 年以前，绝大部分的中国开发者都是基于 TensorFlow、PyTorch 框架进行人工智能技术的研发。因此，2020 年以前中国的深度学习框架屈指可数，除了上文所述的百度飞桨，只有小米 MACE、阿里巴巴 XDL 在内的几个推理框架。2020 年以后，清华大学计图、旷视科技天元、华为 MindSpore、一流科技 OneFlow 相继开源，腾讯和阿里巴巴也在后面推出了 PocketFlow、X-Deep Learning 等深度学习框架。然而，整体而言，我国的深度学习框架在国际上仍处于劣势，主要受到三大问题的制约。①技术创新。深度学习框架的研发需要人工智能领域底层人才的支持，我国在这一领域人才储备不足。②应用体验。通过人工智能促进企业智能化转型的过程中，每一项人工智能技术应用从实验室到产业落地都需要至少 3 ~ 6 个月的时间，因此一个低门槛甚至零门槛的开发平台极为重要。③应用生态。深度学习作为典型的共创型技术，只有构建了自己的生态圈才能实现持续的迭代和发展。然而构建生态周期长、成本高，并且只有当国产框架的技术和功能体验足以满足开发者的需求时，才有机会培育起自主创新的人工智能开发应用生态。

幸运的是，飞桨通过结合国内企业和产业的自身特点，深耕深做，已经和包括百度昆仑芯、华为昇腾、英特尔、英伟达在内的数十家国内外硬件厂商，完成了数十种芯片的适配和优化，基本覆盖全部国内外主流芯片，应用也覆盖工业、农业、交通、科学计算等多个行业领域。2021 年，根据知名市场调研机构 IDC 发布的深度学习框架平台市场份额报告显示，飞桨在中国的市场份额早已超过 TensorFlow 和 PyTorch，位居中国第一，成功打破了国内 TensorFlow 和 PyTorch 框架统治格局。目前深度学习框架格局逐步清晰，已从百花齐放向头部集中转变。未来，在国家大力培养人工智能人才政策的支持下，我国对深度学习框架的发展也将进入快速上升阶段，并且国内丰富的产业体系也为深度学习框架的发展提供了有利环境。因此，打破国外限制，走出中国自己的人工智能发展之路已不再是一句空谈。

第二节　人工智能芯片的典型应用

考核知识点及能力要求：
- 了解人工智能芯片的相关应用领域；
- 了解人工智能芯片相关应用领域的发展现状；
- 了解人工智能芯片相关应用领域的发展趋势。

作为产业制高点，AI 芯片可应用范围广，如智能手机、医疗健康、金融、零售等，发展空间巨大。随着 AI 芯片的持续发展，应用领域会随时间推移而不断向多维方向发展，以下是 AI 芯片目前比较集中的应用领域。

一、智能手机

2017 年 9 月，华为在德国柏林消费电子展发布了麒麟 970 芯片，如图 1-13 所示，该芯片搭载的神经网络处理器（neural processing unit，NPU），成为"全球首款智能手机移动端 AI 芯片"。2017 年 10 月中旬，搭载了麒麟 970 芯片的 Mate10 系列智能手机上市，该系列智能手机具备了较强的深度学习、本地端推断能力，让各类基于深度神经网络的摄影、图像处理应用能够为用户提供更加完美的体验。

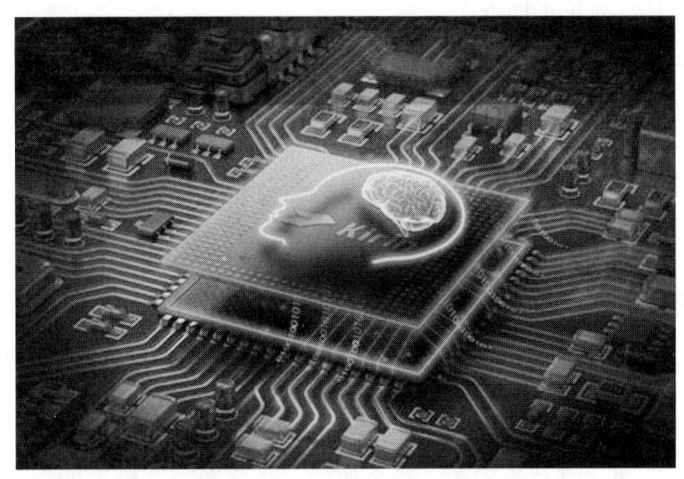

图 1-13　华为麒麟 970 芯片

苹果 iPhone X 智能手机中内置的 A11 Bionic 芯片也搭载了自主研发的双核架构神经网络处理引擎（neural engine），它每秒处理相应神经网络计算需求的次数可达 6 000 亿次。neural engine 的出现，让 A11 Bionic 成为一款真正的 AI 芯片。A11 Bionic 大大提升了 iPhone X 在拍照方面的使用体验，并提供了一些富有创意的新用法。

目前，AI 芯片在手机领域的应用主要体现在两大功能，分别是语言识别和图像分析。未来 AI 芯片在手机上的应用将更加智能化，从而实现真正意义上的"智能"。随着 AI 芯片技术研发和商业化发展，"深度学习"的人工智能方式将大量应用于手机中。

未来的智能手机将成为真正的智慧手机，到 2025 年超过 90% 的智能终端用户将从个性化、智慧化的智能个人助理服务中获益。人工智能不仅能让手机听懂、看懂、对话，甚至能以人类的思考方式来理解人类诉求，让用户快速、精准地获取信息和服务，AI 芯片在手机领域的应用潜力巨大。

二、医疗健康

当前，人工智能在医疗健康领域中的应用以辅助疾病诊断为主，具体应用于医疗虚拟助理、医学影像识别、新型药物研发、智能健康管理四大方面。随着人工智能与医疗的进一步融合与深入，以及政策和技术的支持，基于语音识别、图像识别等技术的泛人工智能医疗产业也走向成熟。

（一）医疗虚拟助理

苹果"Siri"、小米"小爱同学"、微软"小娜"等语音助手的出现为人们的生活提供了极大的便利。医疗领域的语音助手——虚拟助理，也极大地方便了医生和病人。通过特定领域的知识系统，利用智能语音技术（包括语音识别、语音合成和声纹识别）和自然语言处理技术（包括自然语言理解与自然语言生成），虚拟助理可以根据与医生或患者的交谈，智能化地通过病情描述判断病因，为医生和患者提供辅助与参考。其带来的千亿元级产业规模更是吸引了资本的极大关注。目前包含阿里巴巴、百度、科大讯飞等巨头公司，以及康夫子、半个医生、小壹医疗客服等的创新企业都推出了应用于不同医疗领域的虚拟助理。

由于医疗领域的特殊性，现有的虚拟助理并不能完全替代医生。目前，监管部门要求虚拟助理仅仅可以在轻疾病问诊和治疗上提供一些咨询和建议，但不能作为诊断结果；而对于重症病，则要求虚拟助理建议患者立刻前往医院或代拨医院急救电话。业内医师也担心，由于患者并不是专业医师，在表达病情的时候会漏掉一些关键信息，并使用大量的非专业词语，虚拟助理可能无法提取真正有用的信息，从而无法作出准确的判断，最终延误病情。尽管如此，随着人工智能技术的不断成熟，在海量数据的支撑下，虚拟助理未来完全有能力成为人类医师的好帮手。

（二）医学影像识别

随着人工智能对图像处理和分析技术的不断提高，人工智能已可以应用于医学影像的识别。医学影像包含了海量数据，即使有经验的医生有时也会无所适从。医学影像的解读需要长时间专业经验的积累，医生的培养周期相对较长。而人工智能通过深度学习技术进行影像分类、目标检测、图像分割、图像检索等操作，完成病灶识别与标注、三维重建、靶区自动勾画与自适应放疗等功能，可帮助医生更快地获取影像信息，进行定性及定量分析，提升医生看图/读图的效率，协助发现隐藏病灶，降低人为操作误判率。

目前，国内已开展了多项关于医疗影像人工智能软件标准化的制定工作。在国家政策扶持下，国内医疗影像人工智能产业发展迅速，腾讯公司承建的国家医疗影像人工智能开放创新平台，拥有多类疾病的人工智能辅助早期筛查诊断系统。一些优秀的初创公司针对多模态多病种医学影像分析推出了相应的人工智能产品，并已在部分医院进行测试。医学影像与人工智能结合具有天然的基础和必要性。随着人工智能的发展及其在医学领域的逐渐普及和应用，两者的互相融合在未来必定成为医学发展的重要方向。人工智能医学影像辅助诊断系统如图 1-14 所示。

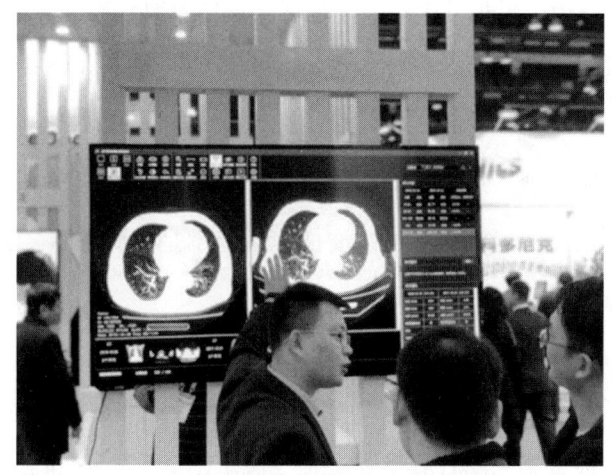

图 1-14 人工智能医学影像辅助诊断系统

（三）新型药物研发

一般情况下，一种新药的开发平均需要 10 年时间，耗资数十亿甚至上百亿美元，制药领域的高投入、长周期、高风险等痛点是造成药物费用高昂的重要原因之一。而人工智能的引入可以将研发周期缩短至 1～2 年，甚至几个月，从而极大减少新药研发时间、耗材和成本。

目前，人工智能技术主要应用于药物研发中的靶点发现、化合物合成、化合物筛选、临床试验设计优化、不良反应监测、药物重定位等。通过海量医学数据与相关资料的支撑，人工智能利用深度学习挖掘和分析数据，可在短时间内发现药物和疾病之间的作用关系，从而发现药物作用在机体细胞时能够发挥作用的候选受体结合点（靶点），找到合适的先导化合物，从而提高药物研发效率；人工智能技术的新药研发管线可将临床前研究时间从 3～6 年压缩至 1～2 年，从而大幅提高效率并节省成本。

（四）智能健康管理

人工智能通过实时记录人体健康变化情况，并通过与海量疾病数据库的综合智能分析，为用户规划安全、健康的饮食习惯、锻炼方式及作息时间等生活方式，从而提高健康干预与管理能力，实现对人类全生命周期的保护和关爱。例如，在血糖管理上，医学专家分析发现不同的人食用相同的食品会出现差异巨大的生理反应，研究者通过分析血样、肠道菌群特征与餐后血糖水平之间的关联，研发出了一套可以预测血糖的机器学习算法，可以给出更精准的营养学建议，进而有效控制餐后血糖水平。

目前，根据健康问题类型及目标人群，人工智能的健康管理可分为生理健康、精神健康、营养健康和个性化管理四大领域。此外，结合智能硬件，人工智能可以更全面地对人体进行健康管理。然而，受限于目前的硬件传感器发展水平以及疾病数据库有限等因素，当下人工智能健康管理主要的应用范围是疾病预防、运动管理、睡眠监测、老年人护理等。

三、无人驾驶

传统车辆的发展给我们的日常生活带来了巨大的改善，但由于长时间驾驶，驾驶员难免会感到不舒适或者疲劳，从而引发交通事故的发生。由此看来传统汽车的安全性、舒适性和可靠性都有待提高。而人工智能技术的迅猛发展，使无人驾驶技术成为可能，从而有效解决传统汽车驾驶的各种问题。

最初的自动驾驶技术主要是辅助驾驶（DAS），仅提供比较单一的功能辅助，如定速续航等。而现在较为普及的是高级辅助驾驶（ADAS），ADAS系统在DAS系统基础上增加了自适应巡航、紧急制动、路径偏离预警等功能。下一阶段自动驾驶为高度自动驾驶（HAD），HAD系统与之前两个阶段的系统相比有了更加巨大的进步，搭载HAD系统的汽车将可以在有限条件下自动驾驶，例如高速公路等特殊路段。而无人驾驶是自动驾驶的终极目标，可实现在所有环境下完全无人驾驶，解放驾驶员的双手，增加驾驶的体验。

如图1-15所示，无人驾驶汽车通过安装在汽车上的传感系统收集周围环境、车辆信息和交通状况等信息，然后将信息汇聚到车载中央处理器，通过人工智能算法分析对汽车的行为路径进行规划并指令汽车按照预定的路径行驶，从而实现汽车的无人驾驶。以人工智能为基础的无人驾驶有很多优点，如安全舒适、泊车安全性高、能源消耗低。

图1-15 无人驾驶汽车

人工智能技术是无人驾驶发展的基础，在无人驾驶系统上的应用主要分为三大部分：环境感知模块、决策规划模块以及控制执行模块。

（一）环境感知模块

作为无人驾驶中最重要的一环，它的发展往往决定了无人驾驶的应用程度。无人驾驶最重要的就是实时感知周围环境信息，以便及时获取数据信息，这些都是由传感器完成的，如摄像头、激光雷达、毫米波雷达、超声波传感器。无论是在熟悉的环境还是新环境，汽车可根据这些传感器的数据做聚类处理，并利用人工智能算法对周围进行车道线或标志物检测，完成初级路况分析。

（二）决策规划模块

根据传感器传回的实时路网信息、交通环境信息和自身驾驶状态等信息，无人驾驶系统通过人工智能算法分析来产生决策，如遵守交通规则（包括突发异常状况）的安全快速自动驾驶决策。无人驾驶技术在道路上会有巨量的实时数据进行传输和获取，原本的网络技术已经满足不了这种需求，需要利用5G信息通信，从而实时保证行驶安全。

（三）控制执行模块

根据规划的行驶轨迹，以及当前行驶的位置、姿态和速度，产生对油门、刹车、方向盘和变速杆等的控制命令。传统控制方法有 PID 控制、滑模控制、模糊控制、模型预测控制等。如从较低等级的汽车定速巡航到现在的无人驾驶都是这一模块控制的具体体现。

第三节　人工智能芯片技术人员的职业发展

考核知识点及能力要求：

- 了解人工智能芯片产业结构相关知识；
- 了解人工智能芯片未来发展趋势相关知识；
- 了解人工智能芯片岗位及相关技术要求。

一、人工智能芯片市场现状

随着人工智能技术的飞快进步，AI 芯片市场竞争正在加剧。凭借得天独厚的技术和应用优势，英伟达和谷歌近乎占据了 AI 芯片领域 80% 的市场份额，且有望在谷歌发布 Cloud TPU 开放服务和英伟达推出自动驾驶处理器 Xavier 之后进一步扩大其占比。其他厂商，如英特尔、三星、高通、赛灵思、微软、苹果、亚马逊、特斯拉及 IBM 等，也在人工智能处理器领域占有一席之地。当然，上述公司的专注领域不尽相同。例如英伟达主要专注于 GPU 和无人驾驶领域，而谷歌则主要针对 TPU 和云端市场，三星、苹果和高通则主要将 NPU 应用于智能手机及嵌入式设备中，英特尔则主要面向计算机视觉，微软、亚马逊则定位于可编写自然人机交互、语音转换服务以及图像识别。

在 AI 浪潮里，中国毫无疑问是 AI 芯片开发的领先市场，国内 AI 芯片的发展呈现出百花齐放、百家争鸣的态势。既有科技巨头，如华为、阿里巴巴、百度等企业，也催生出了一大批初创公司，如寒武纪、地平线、比特大陆、深鉴科技和启英泰伦等。这些公司研发的 AI 芯片产品主要面向智能手机、无人机、安防监控、可穿戴设备、视觉听觉识别、智能家居以及智能驾驶等各类终端设备。

二、人工智能芯片发展趋势

未来十年是人工智能产业发展和突破的关键时期，也是 AI 芯片技术发展的重要时期。目前主流 AI 芯片的核心主要是利用乘加计算（multiplier and accumulation，MAC）加速阵列来实现对卷积神经网络（convolutional neural network，CNN）中最主要的卷积运算的加速。这一代 AI 芯片主要有以下两个方面的问题：①机器学习计算需要访问海量的数据，从而使得整个系统的性能受限于内存带宽，即"存储墙（memory wall）"瓶颈，此外，海量数据的访问和 MAC 阵列的大量运算，还使得 AI 芯片的整体功耗不断增加；②神经网络对算力要求很高，要提升算力，最好的方法是在硬件上对计算进行加速，但与此同时新的算法模型不断涌现，这就造成新出现的算法可能在已经固化的硬件加速器上无法得到很好的支持，即在做硬件加速时，需要考虑其性能和系统的灵活度之间的平衡问题。

由此可以预见，未来的 AI 芯片将会有如下发展趋势：①神经形态芯片。神经形态芯片是指颠覆经典的冯·诺依曼计算架构，采用电子技术模拟生物脑的运算规则，从而构建类似于生物脑的芯片。这类芯片往往能够将计算和存储相互融合，从而能够突破"存储墙"瓶颈。目前，清华大学、Intel、IBM 等学校和企业都在此方向的研究上有所布局。②可重构计算芯片。该芯片主要针对算法与硬件之间的高效性和灵活性难以平衡问题。此外，复杂的 AI 任务需要不同类型 AI 算法任务的组合，且不同任务需要的计算精度不同。可重构计算芯片的设计思想在于软硬件可编程，允许硬件架构和功能随软件变化而变化，从而可以兼顾灵活性和实现超高的能效比。

作为 AI 技术的重要物理基础，AI 芯片拥有巨大的产业价值和战略地位。从大趋势来看，一方面，改善计算单元和存储单元高速的通信需求将成为提升性能的重要手段；另一方面，从技术角度来看，对芯片架构的改进将成为提升芯片性能的主要趋势，在 CPU、GPU 等传统芯片领域与国际相差较多的情况下，中国在 AI 芯片领域有望实现弯道超车。

三、人工智能芯片的职业需求

目前，AI 芯片尚处于发展的初级阶段，无论是科研还是产业应用都有巨大的创新空间，未来发展前景无限。国内外 AI 芯片各大厂商及初创企业都早已布局，开展了新一轮的抢人大战。在激烈的人才竞争下，涌现了大量的与人工智能相关的工作岗位，如算法实现、芯片逻辑设计以及芯片验证等。了解人工智能的岗位的专业能力要求、岗位职责以及相关知识储备的要求对我们了解这个领域、树立正确的就业观念有着深刻的意义，同时也能够推动实施人才强国战略，促进专业技术人员提升职业素养、补充新知识新技能，实现人力资源的深度开发，推动经济社会的全面发展。

（一）岗位分类

AI 芯片产业所需的人才涵盖了人工智能共性技术应用、人工智能芯片设计开发、人工智能测试验证以及人工智能咨询服务等领域，具体需要的人才可分为以下几种类型，如图 1-16 所示。

图 1-16　AI 芯片产业人才结构

根据 AI 芯片产业的技术架构以及人工智能企业的实际用人需求，对技术架构中的基础层和技术层涵盖的人工智能岗位进行归纳梳理，主要存在以下细分领域的重点岗位：AI 芯片架构设计工程师、AI 芯片逻辑设计工程师、AI 芯片物理设计工程师、软件系统开发工程师、AI 芯片验证工程师等。

（二）岗位职业技能要求

要从事 AI 芯片行业就要深度了解行业的发展方向以及专业相关知识，具备相应的通用能力。AI 芯片产业人才通用能力概要见表 1-2。

表 1-2　　　　　　　　　　AI 芯片产业人才通用能力概要

序号	能力类别	能力概要
1	综合能力	熟悉芯片的实现原理与技术架构 具备良好的内外部沟通能力，了解芯片领域应用业务需求，并提供相应的解决方案
2	专业知识能力	具备机器学习和深度学习基础知识 熟悉常见图像、语音、自然语言，理解智能处理算法 具备通用处理器设计的基础知识
3	技术技能	掌握 Verilog 编程技能，掌握 C/C++、Python、Bash、Tcl、Perl 等常用编程语言 熟悉 UNIX、Linux 操作环境，熟悉 vi、vim 常用操作 熟悉 Caffe、TensorFlow、PyTorch 等主流的深度学习框架
4	工程实践能力	熟悉异构 SoC 芯片设计流程，具备芯片开发能力 具备一定的项目经验，熟悉智能芯片的逻辑设计、物理设计和验证等完整工作流程 在组件改进、性能调优等方面具备一定的项目经验

AI 芯片产业的稳步发展一方面加速了技术革新的进程，同时在产业人才需求上也催生出众多的 AI 芯片相关岗位。根据 AI 芯片产业技术架构以及人工智能企业的实际用人需求，对 AI 芯片岗位进行梳理，并对其要掌握的技能要求进行分析。

1. 智能芯片架构设计工程师能力要素

智能芯片架构设计工程师定位于产业研发人才层次，是智能芯片领域的核心研发人员。该类人才应具备扎实的专业基础知识和丰富的智能芯片架构设计项目经验，具有创造性思维，具备灵活创新能力，能够设计出符合市场需求的智能芯片架构。

（1）综合能力。精通深度学习算法、处理器设计、系统建模等，了解智能芯片领域应用业务需求；具备良好的沟通能力，能够对客户在图像、语音、自然语言理解等智能处理算法方面的需求进行识别与分析。

（2）专业知识能力。具备通用处理器设计基础，掌握集成电路前端设计流程、集成电路逻辑设计、低功耗设计流程、异构SoC芯片设计流程中的一项或多项流程；具备机器学习和深度学习基础，掌握一项或多项智能算法，如图像、语音、自然语言理解等智能处理算法。

（3）技术技能。具备扎实的编程基础，熟练掌握Verilog编程技能；熟练掌握C/C++、Python、Bash、Tcl、Perl等编程语言；精通深度学习算法，如CNN、RNN、LSTM等；熟悉各种主流开源深度学习框架；精通SystemC、GEM5、TLM、LISA、SystemVerilog等中至少一项能力；熟悉虚拟原型设计工具，如Synopsys Platform Architect、Cadence Virtual Platform、Mentor Virtual Prototype等；熟悉UNIX、Linux操作环境，熟悉vi、vim常用操作。

（4）工程实践能力。熟悉异构SoC芯片设计流程，有复杂芯片开发经验；具备一定的项目经验，能够与算法人员配合，完成智能芯片的规格设计以及结构设计；具备异构平台开发和调优经验，能够在各类硬件平台如CPU、GPU、DSP上进行深度学习相关算法设计。

2. 智能芯片逻辑设计工程师能力要素

智能芯片逻辑设计工程师定位于应用开发人才层次，是智能芯片领域的重点研发人员。该类人才应具备扎实的专业基础知识和丰富的智能芯片逻辑设计实战经验，具备灵活创新能力，能够根据市场需求完成智能芯片的逻辑开发工作。

（1）综合能力。理解智能芯片的实现原理，智能计算模块实现的功能、性能要求；熟悉异构SoC芯片设计流程，具备SoC芯片的逻辑设计能力，能够与验证和物理设计等团队进行协作。

（2）专业知识能力。具备扎实的计算机体系结构基础；理解常用深度学习算法原理、实现流程；熟悉常用片内总线协议，如AMBA、ACE、AXI、APB；熟悉PCIE、DDR、Ethernet、片间通信等接口协议；具备大规模集成电路研究开发基础，包括半导体物理、工艺原理和器件理论，理解器件工作原理和应用；具备模块级逻辑设计相关知识，包括IP集成、模块设计、子系统仿真；熟悉芯片级逻辑设计相关知识，包括时钟、复位、低功耗、总线、芯片总体集成。

（3）技术技能。熟练掌握 Verilog 编程技能；熟悉芯片级时钟，复位模块的设计，掌握低功耗设计方法和流程；熟悉 UNIX、Linux 操作环境，熟悉 vi、vim 常用操作；掌握 Perl、Python、Makefile 等脚本语言；具备业界标准 EDA 工具使用能力，熟悉 Lint、CDC、Synthesis、STA、Power analysis。

（4）工程实践能力。具备完整的集成电路逻辑设计能力，能够根据规格设计完成智能芯片的逻辑设计开发工作；能够与验证人员配合完成模块级和芯片级的验证工作；能够与物理设计人员配合完成智能芯片的逻辑设计，完成芯片级平面布局制定和时序收敛；具备 PCIE、DDR、Ethernet、片间通信等高速接口的集成、设计及调试经验。

3. 智能芯片物理设计工程师能力要素

智能芯片物理设计工程师定位于应用开发人才层次，是智能芯片领域的重点研发人员，对物理设计人员各方面的能力提出了较高的要求。该类人才应具备扎实的专业基础知识和丰富的智能芯片设计实战经验，能够设计高性能、高稳定性、可扩展性强的技术方案。

（1）综合能力。理解智能芯片的实现原理、芯片结构；理解半导体物理、工艺原理和器件理论，理解器件工作原理和应用；熟悉深亚微米 SoC 芯片物理设计流程，具备 SoC 芯片的逻辑设计能力，能够与集成和验证团队进行协作；熟悉主流流片厂商先进工艺节点的 PDK 文件以及物理设计流程；能够根据智能芯片的规格设计及逻辑设计，完成智能芯片的物理设计工作。

（2）专业知识能力。了解常用深度学习算法原理、实现流程；理解智能计算模块实现的性能、面积要求；掌握平面规划、布局布线、时钟树综合、物理验证等物理设计原理和流程；熟悉深亚微米工艺中的常用电气规则、芯片生产规则；理解并收敛集成电路制造过程中工艺参数偏差模型对物理设计的影响；掌握 IO 环设计、SSN 和 SSO 分析、ESD 检查、串扰分析、全芯片电源完整性分析方法；掌握 ECO 方法及流程。

（3）技术技能。熟悉 UNIX、Linux 操作环境，熟悉 vi、vim 常用操作；掌握脚本语言编写工具，如 Perl、Python、Makefile、Tcl 等；具备业界标准 EDA 工具使用能力，熟悉 IC Compiler2、Innovus、Calibre、StarRC、PrimeTime、Redhawk 等物理设计工具的使用。

（4）工程实践能力。具备完整的集成电路物理设计能力；能够根据规格设计，完成智能芯片的物理设计开发工作；能够与逻辑设计人员配合，完成智能芯片的物理设计，完成芯片级平面规划、布局布线，以及模块级与芯片级的时序收敛。

4. 智能芯片软件系统开发工程师能力要素

智能芯片软件系统开发工程师定位于应用开发人才层次，需具备较强的技术能力以及实践能力。该类人才应具备扎实的专业基础知识和丰富的系统软件、工具链及编程框架开发实战经验，能够设计定制化的人工智能芯片解决方案。

（1）综合能力。能够设计基于智能芯片的大规模机器学习平台架构；熟悉智能芯片高性能计算库编程模型实现；能够进行智能芯片的系统软件架构设计与实现；能够进行智能芯片编程语言与编译器设计与实现；能够进行智能芯片编译工具链开发与维护；能够设计和改进编译优化算法，提升编译器优化效能；能够提供定制化解决方案。

（2）专业知识能力。具备深度学习算法和框架基础；熟悉常见的图像、语音、自然语言，理解智能处理算法；具备编程语言及编译器设计基础；熟悉 ARM、X86 系统架构及 Linux 内核。

（3）技术技能。具备扎实的编程开发基础，熟练掌握 C/C++、Python 等编程语言；熟悉 Linux 系统开发环境，熟悉 Linux、Windows 等操作系统架构；熟悉 Linux Shell、Valgrind、GDB 等常用调试工具；熟悉 Caffe、TensorFlow、PyTorch 等主流的深度学习框架。

（4）工程实践能力。能够与芯片设计团队共同定义智能芯片计算架构和算法，具有良好的合作与沟通能力；能够改进工具链各个组件和性能分析工具；具备设计和改进异构并行计算和编译架构的能力。

5. 智能芯片验证工程师能力要素

智能芯片验证工程师定位于实用技能人才层次。该类人才应具备扎实的专业基础知识和丰富的智能芯片验证实战经验，具有创造性思维，具备丰富的实践经验，能够完成验证流程并成功流片。

（1）综合能力。理解智能芯片的功能定义、详细规格要求；具备复杂数字 IP 的验证能力；能够与设计人员共同制订验证规格和测试计划，并搭建基于 UVM 的验证平台；能够执行验证计划、编写测试用例、开展递归测试、完成问题的调试和修复；能够实现覆盖率收敛，完成 signoff 前的交叉验证；能够进行智能芯片的功能和性能验证；能够参与系统架构设计，搭建芯片级和模块级验证和测试环境。

（2）专业知识能力。具备 SoC 芯片设计基础，了解芯片验证流程；具备扎实的调试检错能力，能够快速解决芯片验证中的关键难题，按时完成指标、计划并保证质量。

（3）技术技能。掌握 System Verilog 和 OVM、UVM、VMM 验证方法，能够搭建芯片、模块级 UVM 验证环境；熟悉常用脚本语言，如 Shell、Perl、Python、Tcl、Makefile；熟悉常用 EDA 工具，如 Verdi、VCS、NC；熟悉 C 语言编程技术，熟悉 Linux 系统；熟练使用 FPGA 验证环境。

（4）工程实践能力。具有丰富的 SoC 集成验证经验，并能成功实现流片；具有丰富的嵌入式调试经验。

人工智能技术的快速发展催生出海量的市场应用，各大厂商正在争相布局 AI 芯片领域。全球范围内，英伟达、谷歌等高新科技企业引领了 AI 技术的发展，占据了全球大部分 AI 芯片的市场。而国内的 AI 芯片市场也呈现出百家争鸣、百花齐放的景象，代表性企业是华为、阿里巴巴、百度、寒武纪和地平线等科技公司。技术层面上，针对现有 AI 芯片的"存储墙"瓶颈和算力限制等问题，未来发展趋势将是以构建神经形态芯片和可重构计算芯片为导向。难以估量的市场需求、不断更新的技术挑战也带来了大量高薪的工作机遇，如 AI 芯片架构设计、逻辑设计、物理设计、软件系统开发及验证工程师等重点岗位，需要大量具备计算机编程开发、集成电路设计、半导体工艺、人工智能研发等能力的高水平复合型人才。

思考题

1. 现有的人工智能芯片主要基于什么算法？支撑人工智能芯片的三大要素分别是

什么？

2. 人工智能芯片的主要应用领域有哪些？存在的主要问题是什么？

3. 人工智能芯片应用的发展现状和发展趋势有哪些？

4. 人工智能芯片从业者应具备哪些基本的能力？

第二章
人工智能芯片设计

近些年来,深度学习网络不断兴起,数据运算量越来越大,对处理器并行处理能力要求越来越高。传统的通用中央处理器受摩尔定律的影响,已经不能满足大规模数据处理的需要。故而,专用人工智能处理器的设计再一次引起了人们的广泛关注。作为人工智能时代的硬件载体,人工智能芯片的重要性不言而喻。

- **职业功能:** 人工智能设计开发。
- **工作内容:** 人工智能芯片逻辑设计。
- **专业能力要求:** 能利用人工智能算法常用的运算/数据类型,根据芯片模块的设计功能描述进行代码编写;能对芯片模块代码进行书写规则和可综合检查和优化。
- **相关知识要求:** 数字电路设计相关知识;计算机组成原理;Verilog HDL、VHDL、System Verilog 等硬件语言。

第一节　数字电路设计与计算机组成基础

考核知识点及能力要求：

- 熟悉常见的布尔函数；
- 掌握组合逻辑的卡诺图化简方法，了解竞争及冒险的判断方法；
- 掌握常见的时序逻辑单元；
- 了解计算机组成结构及软硬件协同设计原则；
- 掌握运算控制器、存储器及输入输出设备的分类及特点。

一、数字电路基础

（一）布尔开关代数与真值表

布尔开关代数是数字电路设计的基础，它在变量（0，1）上定义了一系列逻辑操作（AND、OR、NOT）。这三个基本逻辑操作均有相应的基本电路结构实现，构成了数字系统分析和设计的基础。

以变量与逻辑操作描述的表达式，称为"布尔方程"或"开关方程"。真值表是由输入变量所有可能取值组合及其对应输出值所构成的表格形式，用"真假"来表示逻辑状态（"1"表示真，"0"表示假）。

1. 基本逻辑运算

（1）与。与（AND）的运算符是"*""·"或空，可以用 $y=a*b$、$y=a·b$ 或 $y=ab$ 等三种形式表示，如果 a 和 b 都为真，则 y 为真。二输入"与"运算的真值表见表 2-1。

表 2-1　二输入"与"逻辑真值表

输入		输出
a	b	y
0	0	0
0	1	0
1	0	0
1	1	1

与门是能实现逻辑与函数的电路，可以扩展到两个以上的输入变量，其不同形状的逻辑符号如图 2-1 所示。

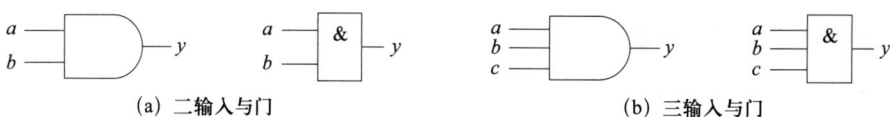

(a) 二输入与门　　　　　　　　　　　(b) 三输入与门

图 2-1　与门的不同形状逻辑符号

（2）或。或（OR）的运算符是"+"，可以用 $y=a+b$ 表示，如果 a 或 b 为真，则 y 为真。二输入"或"运算的真值表见表 2-2。

表 2-2　二输入"或"逻辑真值表

输入		输出
a	b	y
0	0	0
0	1	1
1	0	1
1	1	1

或门是能实现逻辑或函数的电路，也可以扩展到两个以上的输入变量，其不同形状的逻辑符号如图 2-2 所示。

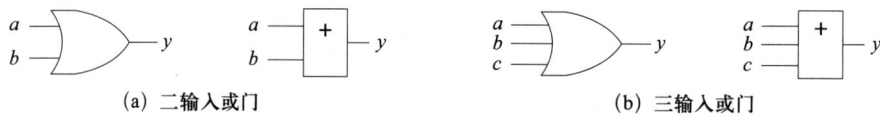

(a) 二输入或门　　　　　　　　　　　(b) 三输入或门

图 2-2　或门的不同形状逻辑符号

（3）非。非（NOT）的运算符是上横线"¯"或符号"'"，可以用 $y=\bar{a}$ 表示。非运算对输入变量取反，属于一元运算。"非"逻辑真值表见表 2-3。

表 2-3　　　　　　　　　"非"逻辑真值表

输入	输出
a	y
0	1
1	0

非门是能实现逻辑非函数的电路，其不同形状的逻辑符号如图 2-3 所示。

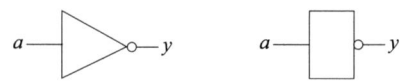

图 2-3　非门的不同形状逻辑符号

2. 其他逻辑运算

其他通用的逻辑函数可以基于以上三个基本函数导出。常见的有以下四种：

（1）与非：$y=\overline{ab}$。

（2）或非：$y=\overline{a+b}$。

（3）异或：$y=a \oplus b$。

（4）同或（异或非）：$y=a \odot b$。

它们的真值表见表 2-4。

表 2-4　　　　　与非门、或非门、异或门、同或门逻辑真值表

输入		输出	输入		输出
a	b	y	a	b	y
0	0	1	0	0	1
0	1	1	0	1	0
1	0	1	1	0	0
1	1	0	1	1	0

（a）二输入与非门真值表　　　　　　　　　（b）二输入或非门真值表

续表

输入		输出	输入		输出
a	b	y	a	b	y
0	0	0	0	0	1
0	1	1	0	1	0
1	0	1	1	0	0
1	1	0	1	1	1

(c)二输入异或门真值表　　　　　　(d)二输入同或门真值表

逻辑符号如图 2-4 所示。

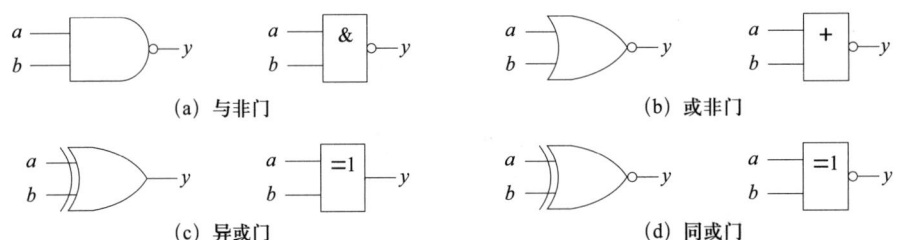

(a)与非门　　(b)或非门

(c)异或门　　(d)同或门

图 2-4　与非门、或非门、异或门、同或门的不同形状逻辑符号

对于相同的逻辑函数,有三种方法来描述,即开关方程、真值表和逻辑图。他们之间可以相互转化。一般的设计过程通常由开关方程构造真值表,再画出逻辑图。数字系统一旦发生问题,通常需要分析逻辑图以了解电路是如何工作的。

3. 布尔代数定理

布尔代数满足以下的基本定律,可以用于电路的优化与转换。

结合律:$(ab)c=a(bc)$,$(a+b)+c=a+(b+c)$。

分配律:$a(b+c)=ab+ac$,$a+(bc)=(a+b)(a+c)$。

交换律:$ab=ba$,$a+b=b+a$。

互补律:$a\bar{a}=0$,$a+\bar{a}=1$。

对偶律:与操作和或操作对偶,0 和 1 对偶。

吸收律:$a+ab=a$,$a(a+b)=a$。

等幂律:$a+a=a$,$aa=a$。

德摩根定理:$\overline{a_1 a_2 a_3 \cdots a_n} = \bar{a}_1 + \bar{a}_2 + \bar{a}_3 + \cdots + \bar{a}_n$,

$$\overline{a_1+a_2+a_3+\cdots+a_n} = \overline{a_1} \cdot \overline{a_2} \cdot \overline{a_3} \cdot \cdots \cdot \overline{a_n}。$$

利用以上定律、定理，可以化简开关方程。

（二）组合逻辑

1. 卡诺图

利用布尔代数可以化简开关方程，但处理过程较长且易出错。使用卡诺图可以更系统地发现和消除方程的冗余。卡诺图是一个方格矩阵，每个方格代表一个布尔函数的最小项或最大项，矩阵方格的排列使得辨别输入变量冗余成为可能，有助于化简输出函数。

二变量、三变量和四变量的卡诺图如图 2-5 所示，顶部横向和右侧纵向在每行和每列的相邻方格之间仅有一位发生变化。卡诺图方格内的十进制数是输入变量的二进制数字译码的结果，这种表示可在最小项或最大项方程列表与卡诺图中对应方格之间建立直接联系。

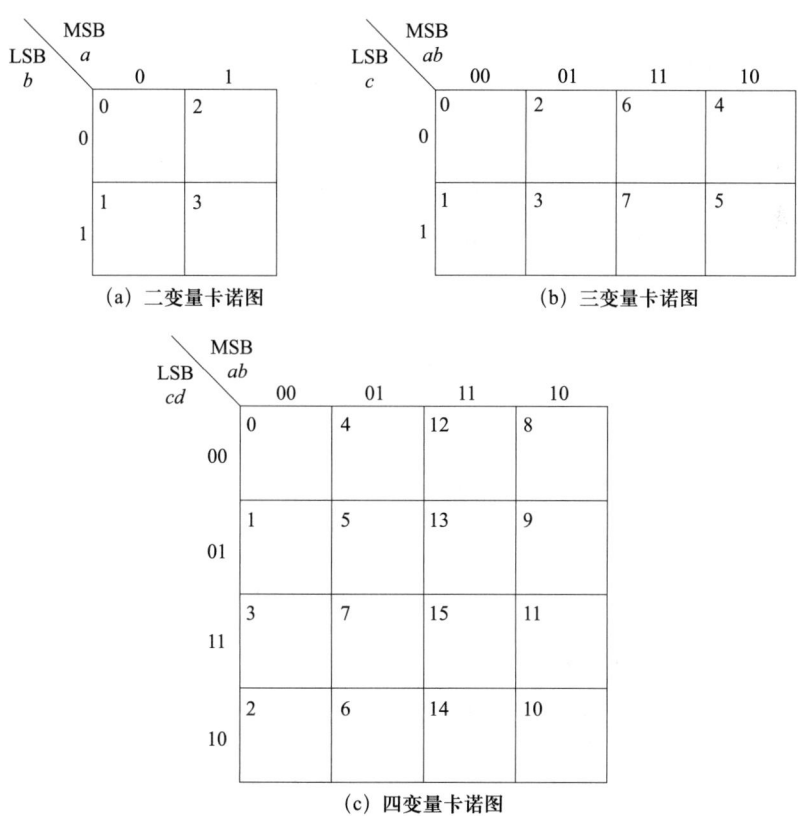

图 2-5　二变量、三变量和四变量的卡诺图

填充卡诺图时,在与最小项相应的方格写 1,在与最大项相应的方格写 0。然后就可以将逻辑相邻的最小项或最大项,通过画圈的方式,标记出变量的冗余,达到对开关方程的系统化化简,如图 2-6 所示。

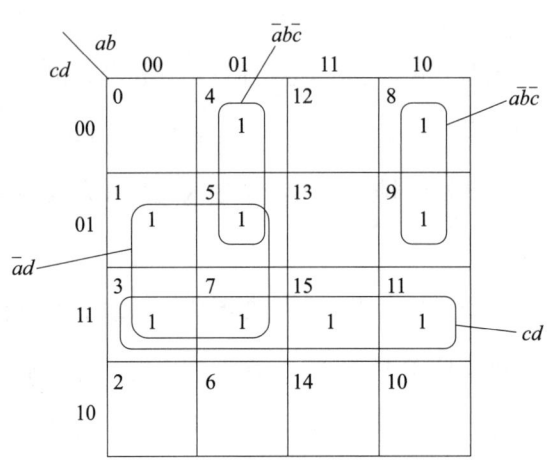

图 2-6　卡诺图化简逻辑方程

2. 竞争 – 冒险

数字电路中的竞争与冒险出现在组合逻辑电路中。在组合逻辑电路中,同一信号经过不同的路径传输后,由于传输路径延迟的不同,到达电路中某一会合点的时间有先有后,这种现象可能会导致逻辑竞争,而因此产生输出干扰脉冲的现象称为冒险。

判断电路是否存在竞争 – 冒险的方法主要有代数法、卡诺图法、观察法、实验法四种。

(1)代数法。在逻辑函数表达式中,若某个变量同时以原变量和反变量两种形式出现,就具备了竞争条件。去掉其余变量(也就是将其余变量取固定值 0 或 1),留下具有竞争能力的变量,如果表达式为 $F=a+a'$,就会产生 0 型冒险(F 应该为 1 而实际却为 0);如果表达式为 $F=aa'$,就会产生 1 型冒险。

表达式 $F=ab+a'c$,当 $b=c=1$ 时,$F=a+a'$,在 a 发生跳变时,可能出现 0 型冒险。

表达式 $F=(a+b)(a'+c)$,当 $b=c=0$ 时,$F=aa'$,在 a 发生跳变时,可能出现 1 型冒险。

（2）卡诺图法。观察卡诺图中是否有两个圈相切但不相交的情况，如有则存在竞争－冒险的现象，如图2-7所示。（表达式$F=ab+a'c$）

（3）观察法。根据电路图，观察输入变量到达输出端的多个路径上经过的门电路器件的数量是否不同，如果不同，则有可能导致竞争－冒险现象。

（4）实验法。通过时序仿真或者使用示波器等测试设备进行观察。

消除竞争－冒险的方法主要有三种：①接入滤波电容以消除毛刺的影响；②引入选通脉冲以避开毛刺；③修改逻辑设计增加冗余项以消除逻辑冒险。其中，增加冗余项是在由表达式得到的卡诺图中，在两个圈相切处（可能产生竞争－冒险现象）多画一个圈，将切点给覆盖掉，得到$F=ab+a'c+bc$，从逻辑上讲，增加bc项并不影响结果，此时当$b=c=1$时，$F=a+a'+1=1$。这意味着无论b和c如何变化，F恒为1，这样竞争－冒险就消失了，如图2-8所示。

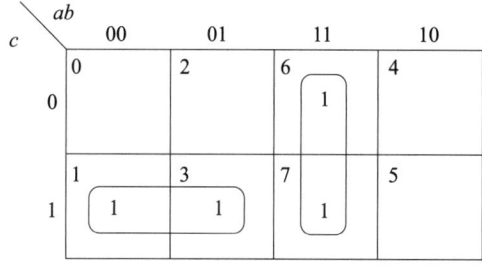

图2-7　卡诺图法观察竞争－冒险

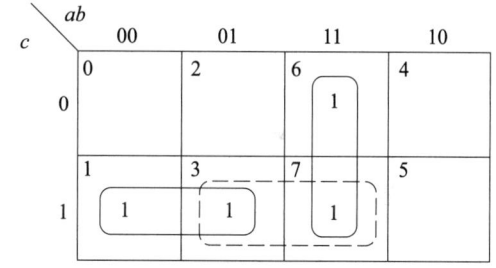

图2-8　通过卡诺图增加冗余项

（三）时序逻辑

时序逻辑扩展了组合逻辑的功能，具有存储和检索二进制信息的能力。时序是将事件按时间排序，一个事件接着另一个事件发生，并被时间分隔。事件的时间分隔需要使用存储元件，这种基本的存储元件称为触发器（flip-flop）。

1. 触发器

触发器是基本的存储单元，其状态与组合逻辑器件的区别在于，触发器在输入信号的电平改变后可保持指定的逻辑电平，而组合逻辑只有在输入保持稳定时才产生有效的输出。前者具有记忆存储能力，后者则不具有此项能力。

触发器通常可以分为J-K锁存器、S-R锁存器、T触发器和D触发器四类。触发器和锁存器（latch）这两个名词可以互换使用，但触发器更适合于表示那些在时钟边沿改变状态的器件，而锁存器适合于表示在电平触发下改变状态的器件。

2. 计数器

计数是数字电路的一个基本功能，一个数字计数器由一组触发器构成，该组触发器按照预先给定的顺序改变其状态（置位或复位）。

根据不同的分类标准，计数器可以划分为不同的类别：

（1）根据计数器中的触发器是否同时翻转，可以分为同步计数器和异步计数器。

（2）根据计数进制不同，可以分为二进制计数器、十进制计数器和任意进制计数器。

（3）根据计数过程中计数的增减不同，可以分为加法计数器、减法计数器和可逆计数器。

3. 状态机

状态机由状态寄存器和组合逻辑电路构成，能够根据控制信号按照预先设定的状态进行状态转移，是协调相关信号动作、完成特定操作的控制中心。有限状态机简写为 FSM（finite state machine），主要分为两大类。

第一类：若输出只与状态有关而与输入无关，则称为 Moore 状态机。

第二类：输出不仅与状态有关而且与输入有关，则称为 Mealy 状态机。

状态机可归纳为四个要素，即现态、条件、动作、次态。

（1）现态：是指当前所处的状态。

（2）条件：又称为事件，当一个条件被满足，将会触发一个动作，或者执行一次状态的迁移。

（3）动作：条件满足后执行的动作。动作执行完毕后，可以迁移到新的状态，也可以保持原状态。动作不是必需的，当条件满足后，也可以不执行任何动作，直接迁移到新状态。

（4）次态：条件满足后要迁往的新状态。次态是相对于现态而言的，次态一旦被激活，就会转变成新的现态。

状态机可以用状态图来表示。状态图以图的形式表示了状态之间的联系,它们既显示了输入与输出变量组合,也显示了从一个状态到另一个状态的转移。

4. 同步时序电路和异步时序电路

同步时序电路和异步时序电路是常用数字系统的电路类型。具体而言,同步时序电路使用规律的时钟周期进行操作控制,而异步时序电路不依赖于任何时钟周期进行操作。同步时序电路的主要优点是由于可预测的时间,它们不容易出错,而异步时序电路由于没有等待时间,可以提供更快的响应时间。一般来说,同步时序电路更适合需要精确时序的应用,如微处理器,而异步时序电路则更适合需要快速响应时间的应用,如高速网络通信。

同步时序电路设计的原则:为了保证稳定可靠的数据采样,要满足寄存器的 Setup 时间和 Hold 时间。在进行组合逻辑设计时要避免组合逻辑反馈环路。

同步时序电路的优点:①可以避免异步逻辑容易出现的毛刺问题;②具备更高的设计可靠性,避免工艺、环境的细微变化带来的逻辑失效问题;③流水线设计更加方便,有利于提高芯片的运行速度;④所有的触发器可以同时运行,使静态时序分析变得简单;⑤有利于器件移植,包括 FPGA 器件族之间的移植和从 FPGA 向结构化 ASIC 的移植。

异步时序电路的优点:①低功耗,可以实现精细度更高的时钟门控;②高速,运算速度由实际局部延时决定,而不是由全局最差(worstcase)延时决定;③低电磁噪声辐射,局部时钟倾向于在随机时刻启动;④对于电源电压、温度以及制作过程中参数的变化具有鲁棒性,时序是基于匹配延时的,并且对电路和导线延迟不敏感;⑤采用简单的握手接口和局部时钟,具有更好的可重组性(composability)和模块化(modularity);⑥没有时钟分配和时钟偏移(skew)问题,因为没有全局时钟信号,所以不需要在整个电路中以最小相位偏斜来分配时钟。

二、计算机组成相关知识

(一)计算机系统概论

1. 冯·诺依曼体系结构

在了解了数字电路的基础知识之后,本章介绍如何应用数字电路的知识构建通用的处理器。冯·诺依曼体系结构是一种计算机结构,由英国计算机科学家冯·诺依曼于1945年提出。它是一种灵活的、可编程的、通用的架构,也是最早和最流行的计算机架构。虽然不局限于使用数字电路,甚至是电气设备来实现,但是目前看来,采用数字电路实现计算机体系结构是唯一有效的途径。它的核心结构由一个中央处理器和一组可以访问存储器的控制单元组成。此外,还有一系列连接处理器和存储器的总线,以及输入设备和输出设备,形成一个完整的计算系统,如图2-9所示。它可以支持各种软件的运行,如操作系统、应用程序和编程语言。

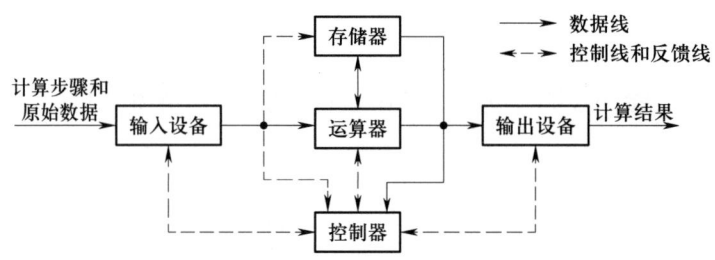

图2-9 冯·诺依曼体系结构的组成框图

冯·诺依曼体系结构的基本框架一直沿用至今,当代处理器在细节实现上有所改进,与之相对应的结构称为哈佛结构。两种结构之间最显著的区别在于,冯·诺依曼结构中使用的是"单总线"架构,而哈佛结构中使用的则是"双总线"架构,即程序和数据的总线是分开的。此外,哈佛结构中的存储器和处理器在逻辑上是相互独立的,处理器也拥有本地存储器,可以随机访问主存储器。而冯·诺依曼结构中的存储器和处理器是一体的,处理器只能顺序访问主存储器。

2. 软硬件协同与接口

计算机的软硬件分工是互相补充的,它们之间存在着密切的联系。软件由应用软件、系统软件、编程软件和科学软件等几部分组成，它们的作用是协助电脑实现某些功能，如操作系统的运行、程序的编写和科学实验等。硬件由 CPU、主板、显卡、存储设备、输入设备和输出设备等几部分组成，它们又分别用于处理数据、存储数据、接收和显示数据等。它们与软件相互作用，实现电脑的功能，是计算机系统运行的基础。总的来说，软件与硬件是计算机系统运行的基础，软件可以提供指令和程序，而硬件则执行操作，两者共同构成了一个完整的计算机系统，可以划分成很多层次，如图 2-10 所示。

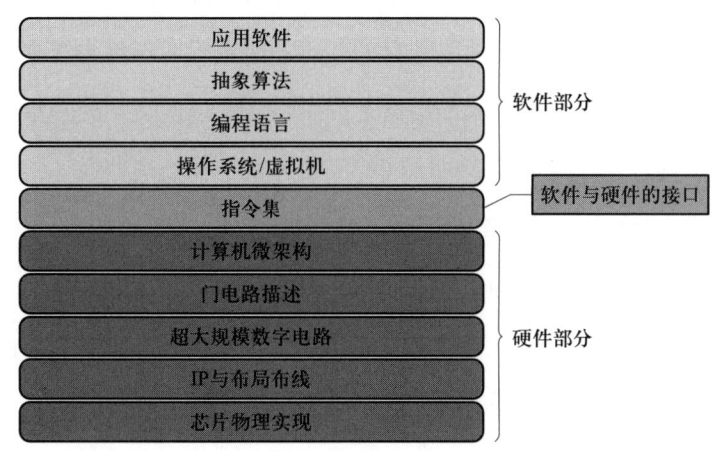

图 2-10 计算机体系结构的软硬件层次划分

指令集作为软件与硬件沟通的桥梁，起到承上启下的作用。运行在指令集之上的操作系统、应用软件可以在抽象模型上直接进行开发，不用过多关注底层硬件实现。仅当需要性能调优的时候，才需要根据微架构的特点来进行调整。硬件实现仅关注指令集和各种空置状态寄存器的配置即可，无需关注软件如何开发。软硬件设计工作也可以进一步细分成各个相互独立的任务。这种设计方式对计算机体系结构进行了充分的解耦，便于不同层次工作的整合和扩展。

（二）运算控制器

运算控制器是冯·诺依曼体系结构中最核心的一个设备，计算机的核心任务就是执行各种计算任务以及支持应用程序的各种指令跳转。目前常见的结构由一个执行软件代码的中央处理器和外围的用于加速固定算法的协处理器与专用加速器构成。

1. 中央处理器

中央处理器是计算机系统的核心部件,是一款单一的微处理器,用于执行系统的指令和进行数值计算。常见的中央处理器有 Intel 公司的 X86、X64 架构,AMD 的 Zen 架构、IBM 的 Power 架构以及嵌入式应用处理器(ARM)等。许多中央处理器在不同的架构和平台上采用了不同的微体系结构,以适应于不同的应用场景下的功能和性能表现。

为了提高处理器的性能,先进的 CPU 均采用流水线(pipeline)技术来提高整体系统的工作频率。流水线技术将处理器中的指令分解成许多独立的过程,并分配到不同的部件上去处理,以达到提高效率的目的。每一个过程叫作流水线步骤,它会处理一些特定的数据操作,之后将结果传递给下一个步骤,以此达到处理指令的目的。流水线有多级、可寻址、浮点数等多种不同的实现方式,在处理器设计中起着重要的作用,如提高运算速度和执行多任务等。Intel 酷睿处理器的流水线框图如图 2-11 所示。

除采用流水线技术外,CPU 还会采用很多技术,如通过加大缓存、采用乱序执行、分支预测、采用多核架构、增加超线程、支持多任务等方式来提高性能。还有一些诸如改进内部架构、减少功耗等技术可以用来提高性能,这些技术是由厂商根据应用场景来调整的。此外,CPU 的性能还与其他硬件的配合有关,如内存的大小和速度等,所以升级硬件也可以改善整体应用的性能。

2. 协处理器与专用加速器

虽然中央处理器具有强大的处理能力,但是对于一些专用领域的计算任务,中央处理器由于设计的过于通用,其性能与专用处理设备相比仍有差距。按照任务细分程度,专用处理设备可以分为与中央处理器处于同一芯片的协处理器和通过片外总线连接的专用加速器。

X86 处理器中常见的协处理器有 MMX、SSE 等多媒体协处理器,以及 AVX、AMX 等向量矩阵运算协处理器。这些协处理器使用 X86 的扩展指令集进行调用,从而对计算数据进行高效处理。

图形处理器是一个典型的通过片外总线相连的专用加速器,通过片外总线与中央处理器相连。它可以用于处理大量复杂的图形计算任务,如 3D 渲染、图形计算等。

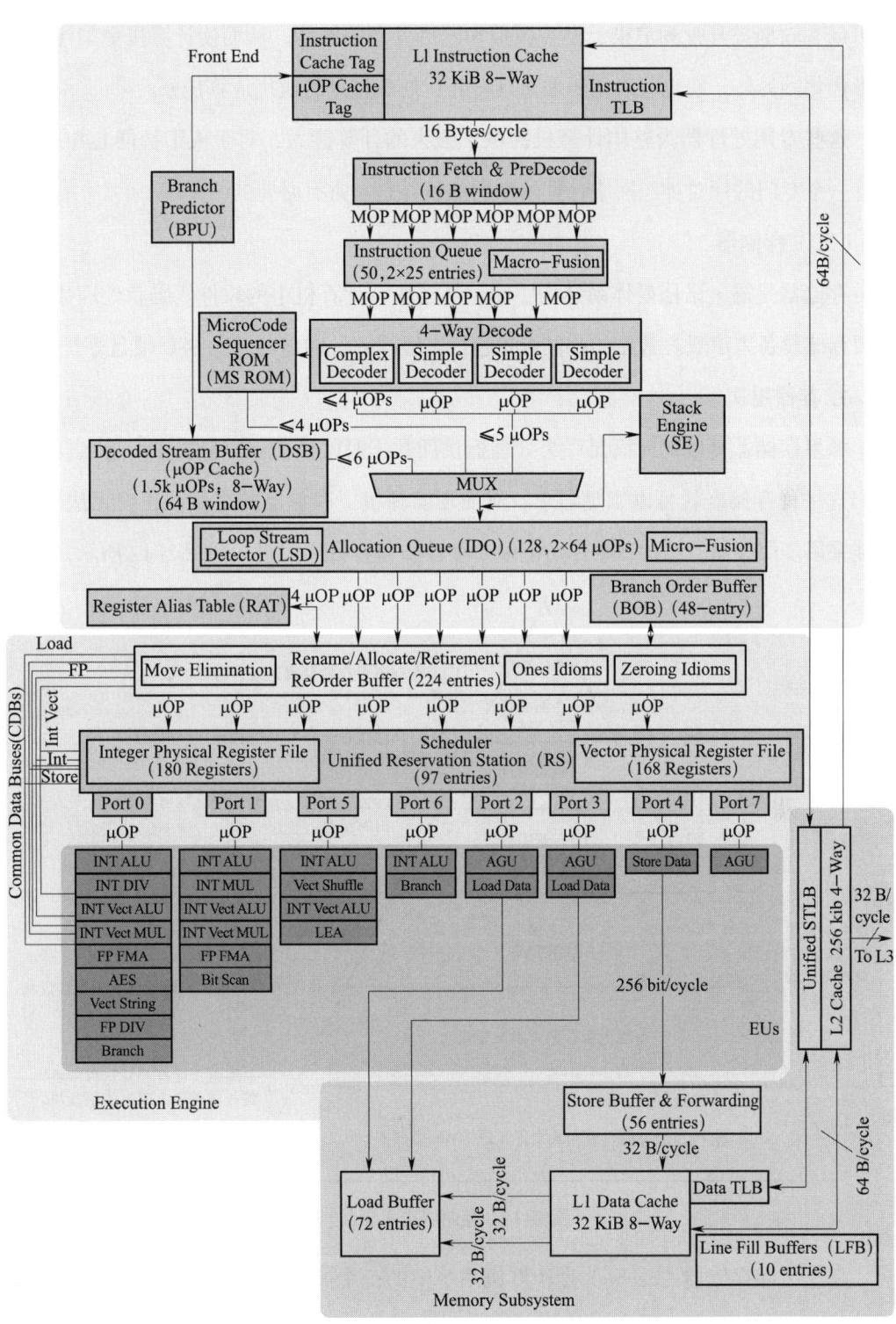

图 2-11　Intel 的酷睿处理器的流水线框图

它可以有效地提升视频渲染、游戏模拟和图形处理等性能，从而使计算机更加注重对图形优化。另外，它也可以用于加速具有并行处理特点的通用计算任务。

这些专用处理器为整体计算机提供了强大的计算能力，对于人工智能芯片来说，设计一个专门的针对神经网络计算的专用加速器是非常有必要的。

（三）存储器

存储器是冯·诺依曼体系结构中的记忆模块，计算机中的软件代码和处理数据都需要存储设备来承载。常见的存储设备包括多级缓存、DDR 主存、SSD 硬盘等。

1. 存储层次

如果存储器可以同时满足中央处理器访问数据时的性能和容量需求，那么仅需要使用这一种存储器就可以满足需求。然而现实环境下存储器的容量和速度无法兼得，只能采用多层存储的结构，来尽可能地平衡性能与容量的关系，如图 2-12 所示。

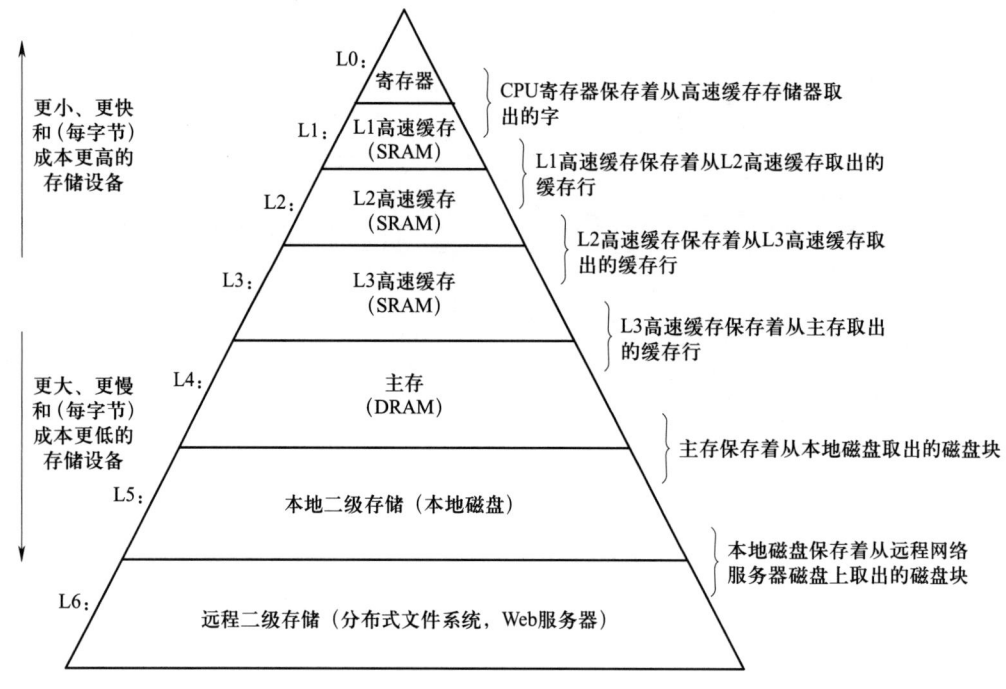

图 2-12 存储层次示意图

高速缓冲存储器（cache）是计算机系统中的一个高速、小容量的半导体存储器，它位于高速的 CPU 和低速的主存之间，用于匹配两者的速度，达到高速存取指令和数据的目的。与主存相比，cache 的存取速度快，但存储容量小。

主存储器是计算机系统的主要存储器，用来存放计算机正在执行的大量程序和数据，常见的设备为 DDR SRAM。

外存储器（简称外存）是计算机系统的大容量辅助存储器，用于存放系统中的程序、数据文件及数据库。与主存相比，外存的特点是存储容量大，位（bit）成本低，但访问速度慢。目前，外存储器主要有 SSD 闪存、磁盘存储器和光盘存储器。

计算机存储系统的这种多层次结构，利用空间和时间局域性，在一定程度上解决了容量、速度、成本三者之间的矛盾。这些不同容量、不同速度、不同成本的存储器，用硬件、软件或软硬件结合的方式连接起来形成一个系统。

2. 高速缓存

按照访问速度划分，高速缓存可以分为多个层次。速度最快的高速缓存称为 L1 指令缓存和 L1 数据缓存，它们与中央处理器直接连接，速度最快，但是容量有限，一般不超过 256K 字节。速度次之的是 L2 缓存，它与 L1 指令缓存和数据缓存连接，以缓存行粒度为单位交换数据。缓存行粒度一般为 64 字节。在多核系统中，还有一层 L3 缓存，用于平衡多个中央处理器访问主存的开销。

一般情况下，CPU 还包含了虚拟地址和物理地址的转换模块，这种转换模块称为内存管理单元（memory manage unit，MMU）。这是一种计算机硬件，它具有为处理器提供虚拟地址到物理地址的映射功能，以及实现内存访问的保护、共享等功能。MMU 的功能还包括将虚拟地址转换为物理地址、检测内存范围是否正确、检测是否尝试访问无效的内存、限制特定程序访问特定内存、为内存区域提供互斥保护、允许程序生成和释放以及重定位内存。在性能方面，MMU 可以有效地改善系统性能，提高内存利用率，减少访存时间，同时还能将系统内存空间动态地映射到外设。此外，MMU 还可以提供访问权限管理机制，以防止对特定内存位置的访问，并为特定程序提供独立的地址空间。

3. 片外存储器

片外存储器也称为主存，DDR 主存是一种半导体存储器，主要的作用原理是利用电容内存储电荷的多寡来代表一个二进制位元（bit）是 1 还是 0。由于在现实中晶体管会有漏电的现象，导致电容上所存储的电荷数量并不足以正确地判别数据，进而导致数据失效。因此对于 DDR 来说，周期性地充电是一个不可避免的条件。由于这种需要定时刷新的特性，因此被称为动态存储器。相对来说，静态存储器（static RAM，SRAM）只要存入数据后，即使不刷新也不会丢失记忆，但是它的容量不如 DDR 主存大。

另外一种常见的存储设备是 SSD 闪存。它的内部由一个或多个 NAND 闪存芯片组成。它具有低功耗、噪声低、耐用性强、访问速度快等优点。SSD 具有良好的性能，读取速度可达到 400 MB/s，写入速度也较快，大约可达到 80 MB/s。由于具有优异的性能，SSD 的主要用途是替代传统的机械硬盘，用于实现快速数据访问和存储，尤其适用于大型数据库、金融分析、实时渲染、机器学习等高性能应用的电脑系统。SSD 还可以用于消费类电子设备，如笔记本电脑、智能手机、平板电脑等。此外，由于固态硬盘的良好性能，一些企业也在使用 SSD 来提升数据中心的性能并加快应用的执行速度。

（四）输入设备和输出设备

计算机的输入设备和输出设备包括键盘、鼠标、扫描仪、读卡器、音频设备（如扬声器和麦克风等）、视频设备（如相机和显示器等）以及网络设备（如接口卡、无线路由器、有线网络适配器等）。此外，还有一些特殊的设备，如打印机、传真机、多功能一体机等。输入设备可以将用户提供的数据转换成电子信号，以供计算机识别和处理。输出设备可以将计算机处理的数据转换成可视化的输出信号（如文字或图像）以及对音频信号进行处理。计算机上的输入设备、输出设备和存储器都是用于实现计算机与外部环境之间的通信，以及在计算机内部保存和传输数据的重要组件。它们可以帮助用户获得有用的信息，并将信息传递给计算机，从而使计算机能够完成所需的工作。

除此之外，互联网技术在计算机体系结构中也有应用。目前主流的计算系统将众多中央处理器集成在同一个芯片上协同工作，通过片上网络（network-on-chip，NoC）进行互连。NoC 是一种使用分布式网络技术连接多个处理器、存储器和其他硬件设备的系统架构。NoC 旨在提高系统通信性能，减少连接结构对系统设计的影响，以及提高系统的可扩展性、可靠性和可编程性。NoC 架构的数据传输过程被称为"交叉式并行"，它允许多个处理器之间的数据传输采用并行和点对点的结构。NoC 的主要功能还包括支持缓存一致性、故障检测、流量控制和负载均衡等，它有助于提升系统的可靠性和可扩展性。NoC 架构还可以支持多种总线协议，如 PCI、Ethernet 和 InfiniBand 等，这有助于数据传输速度的提高。

第二节 芯片功能描述

考核知识点及能力要求:

- 熟悉常见神经网络算子的计算方法及网络量化方法;
- 了解人工智能芯片的分类及工作原理;
- 了解人工智能芯片主要架构;
- 熟悉人工智能芯片架构工作原理;
- 熟悉人工智能芯片主要接口功能。

一、人工智能芯片计算需求

(一)常见的神经网络算子

下面举一个神经网络的简单例子。例如,通过10栋房子的信息,包括面积、户型、地理位置、建成年代、价格等,希望借此预测该区域的房价。通过叠加上述因素,可以建立起输入信息影响最终价格的神经网络图。当该神经网络完成训练后,就可以通过输入 x 得到输出 y,如图 2-13 所示。

值得注意的是,这只是一个简单的神经网络,用于直观地介绍神经网络的基本工作原理。在实际应用中,神经网络要复杂的多。对于图像应用,需要空域信号的处理,经常使用卷积神经网络。对于音频应用,涉及时序信号的处理,经常使用递归神经网络(recurrent neural network,RNN)。本文以卷积神经网络来介绍相关的算子,以进一步引出人工智能芯片的设计要素及基本结构。

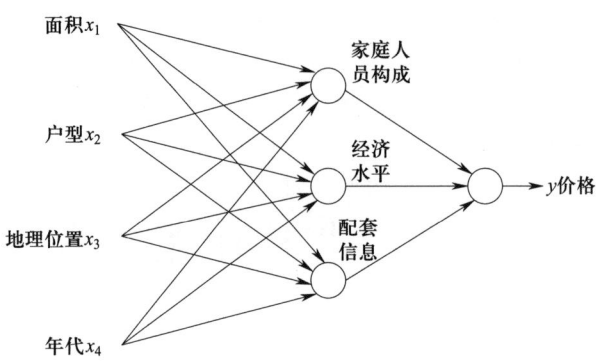

图 2-13　一个简单的神经网络

在计算机中，如果要保存一张彩色图片，常常需要保存三个相应的矩阵，分别对应图片中的红、绿、蓝三种颜色通道，每个像素的一种颜色一般用 1 Byte 表示（数值范围 0～255），如果图像大小为 1 000×1 000 像素，则一幅图片总的数据量大小为 3 MBytes。将这些图像进行堆叠，对应的像素值保存为三维矩阵形式，三维数据的三个方向分别定义为宽度（weight）方向、高度（height）方向和通道（channel）方向，如图 2-14 所示。该矩阵包含了图像的所有像素信息，称为特征图像数据（feature map，FM）。当作为神经网络的输入图像时称为输入特征图（input feature map，IFM），作为输出结果时则称为输出特征图（output freature map，OFM）。

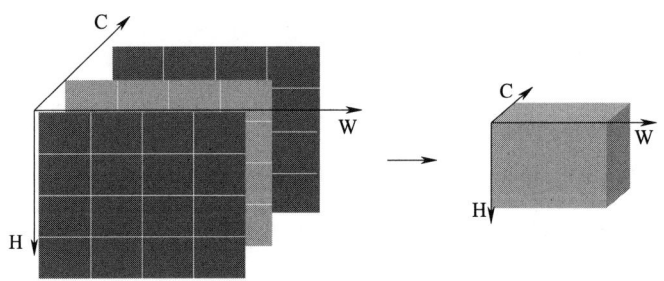

图 2-14　特征图

当给出一幅图片后，需要计算机对图像进行智能识别，这个过程是通过卷积神经网络来完成的。例如，当识别图片中所有竖线时，计算机可以通过垂直边缘检测的滤波器来进行检测，同样地，检测图片中所有的水平线也可以通过水平边缘检测的滤波器来完成。在卷积神经网络的术语中，滤波器也可以称为权重（weights）或卷积核

（kernel）。下面是一个垂直边缘检测的卷积核权重（WT）的 3×3 矩阵表示。

$$WT = \begin{bmatrix} 1 & 0 & -1 \\ 1 & 0 & -1 \\ 1 & 0 & -1 \end{bmatrix}$$

以 5×5 大小的二维图像数据为例，下面为一个基本的卷积运算，如图 2-15 所示。

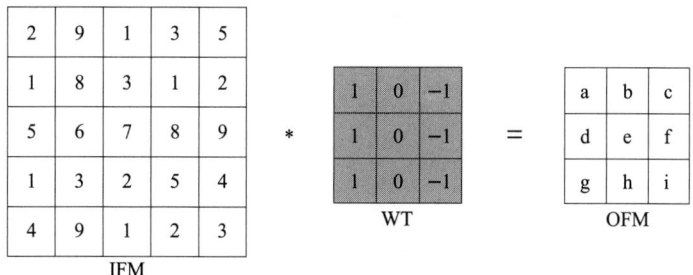

图 2-15 二维卷积运算示意图

卷积运算的过程如图 2-16 所示。

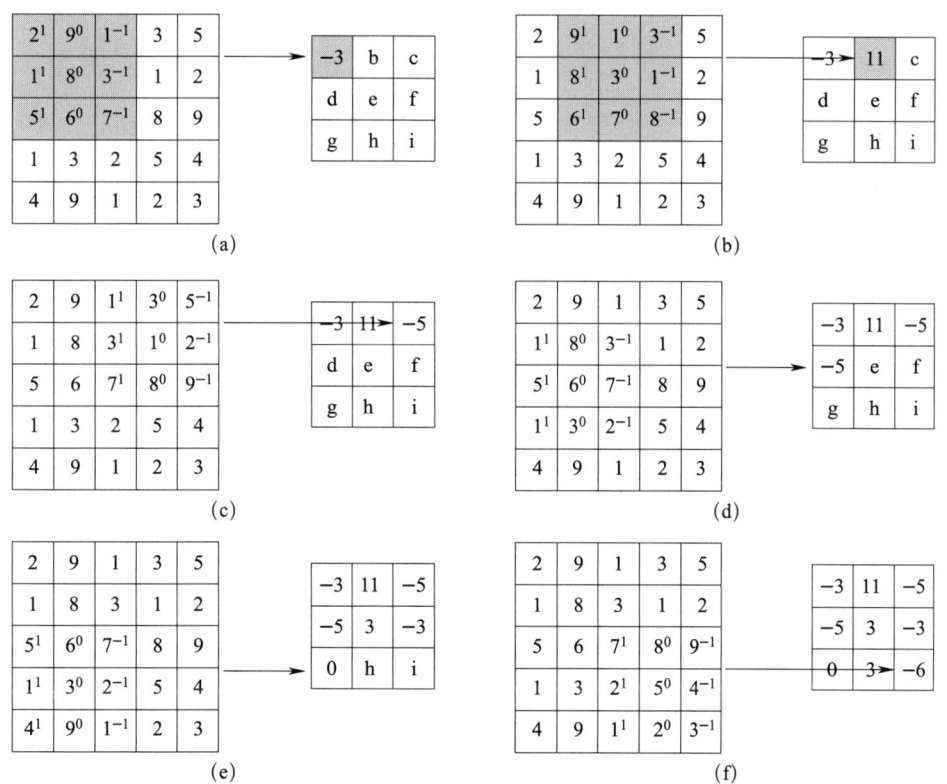

图 2-16 二维卷积运算过程示意图

将卷积核覆盖在输入图像矩阵的左上角,然后进行对应元素乘法(element-wise products)运算,即:

$$\begin{bmatrix} 2\times1 & 9\times0 & 1\times(-1) \\ 1\times1 & 8\times0 & 7\times(-1) \\ 5\times1 & 6\times0 & 3\times(-1) \end{bmatrix} = \begin{bmatrix} 2 & 0 & -1 \\ 1 & 0 & -7 \\ 5 & 0 & -3 \end{bmatrix}$$

然后将该矩阵中的每个元素逐项相加得到最左上角的元素 a 的值,即 2+1+5+0+0+0+(−1)+(−7)+(−3)=−3。

下一步,将卷积核水平向右移动一步,来到图 2-16(b)所示的位置。再次进行上述的运算:

$$\begin{bmatrix} 9\times1 & 1\times0 & 3\times(-1) \\ 8\times1 & 3\times0 & 1\times(-1) \\ 6\times1 & 7\times0 & 8\times(-1) \end{bmatrix} = \begin{bmatrix} 9 & 0 & -3 \\ 8 & 0 & -1 \\ 6 & 0 & -8 \end{bmatrix}$$

将该矩阵中的每个元素逐项相加得到元素 b 的值,即 9+8+6+0+0+0+(−3)+(−1)+(−8)=11。

继续水平移动卷积核的位置,直到第一行的 OFM 计算完毕后,使卷积核重新回到最左的位置,并向下移动一行,来到图 2-16(d)所示的位置。采用同样的计算方法,可以得到元素 d 的值为 −5。

经过卷积核的数次水平和垂直移动,最终到达 IFM 的右下角,经过计算,得到 OFM 的最后一个元素 i 的值为 −6。在上述过程中,卷积核每次移动的步长可以为 1,也可以为其他值,这个步长又称为步幅(stride)。

当图像不再局限于灰度图时,图像将以三维立体的数据结构存储于计算机中。为了检测图像的边缘或者其他特征,不再把三维图像与上述的 3×3 卷积核进行卷积计算,而是与一个三维卷积核进行计算,卷积核不仅具有 W 方向、H 方向,也具有 C 方向,如图 2-17 所示。

三维卷积运算的计算过程与二维卷积类似,所不同的是由于卷积核为 3×3×3,当卷积核在 IFM 最左上角的位置时,共覆盖了 3×3×3,即 27 个数。因此需要依次取出这 27 个数,乘以对应位置的 IFM 数据,再将这 27 个乘积进行累加,得到输出左上角的一个数字。

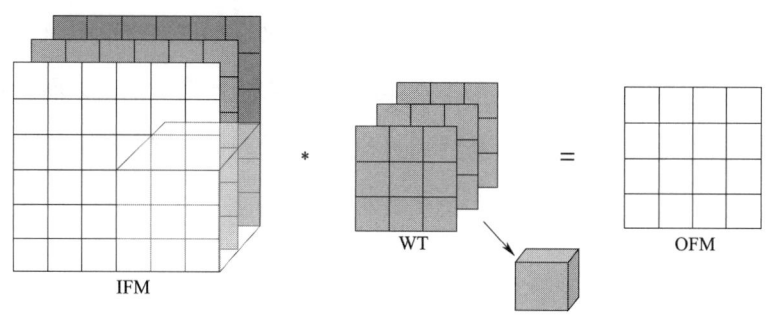

图 2-17 三维卷积运算

如果要计算下一个输出,就把这个立方体滑动相应的位置,与相应的 27 个数相乘,再把它们逐项相加起来,即可得到下一个输出,依次类推。

按照计算机视觉的惯例,当输入图像有特定的高宽和通道数时,卷积核可以有不同的高和宽,但是必须和输入特征图有相同数目的通道数。一般来说,对输入图像进行特征检测时,需要检测多种特征。这时就需要多个卷积核对同一幅图同时进行多项卷积运算。运算的规则如图 2-18 所示,每个卷积核分别与输入图像进行卷积运算,分别得到对应的二维输出,之后将每个二维输出进行堆叠,得到一个三维输出图像数据,输出图像的通道数等于需要检测的特征数,即卷积核的个数。为了更直观,图 2-18 将输入图像置于卷积核左侧,并以 ⊕ 代替了省略的 "+bias" 的操作。

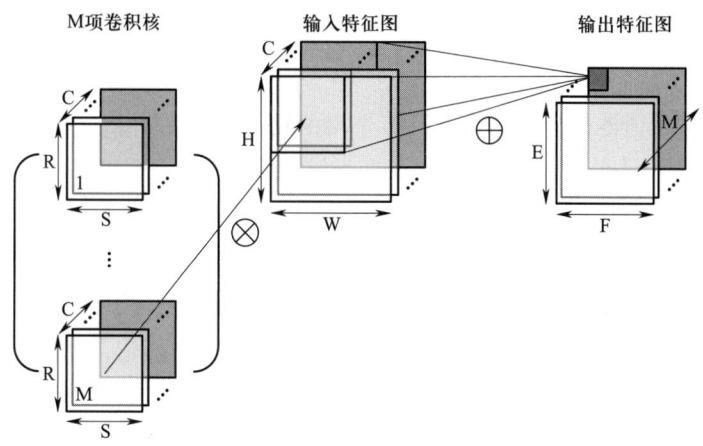

图 2-18 多卷积核下的卷积运算

有了上述基础,下面介绍单层卷积网络的结构。在神经网络前向传播中的一个基本操作就是 $z^{[1]}=W^{[1]}a^{[0]}+b^{[1]}$,其中 $a^{[0]}=x$,执行非线性函数后,即 $a^{[1]}=g(z^{[1]})$,

得到单层卷积网络的输出 $a^{[1]}$。这里的输入 $a^{[0]}$ 对应卷积运算中的 IFM，这些卷积核用变量 $W^{[1]}$ 表示。上文所提的多卷积操作的作用类似于 $W^{[1]}a^{[0]}$，而后执行加 $b^{[1]}$ 的操作，$b^{[1]}$ 又称为偏差（bias）。最后通过执行非线性函数得到单层卷积网络的输出。非线性函数一般称为激活函数，常用的函数有 ReLU 函数、Sigmoid 函数等，如图 2-19 所示。

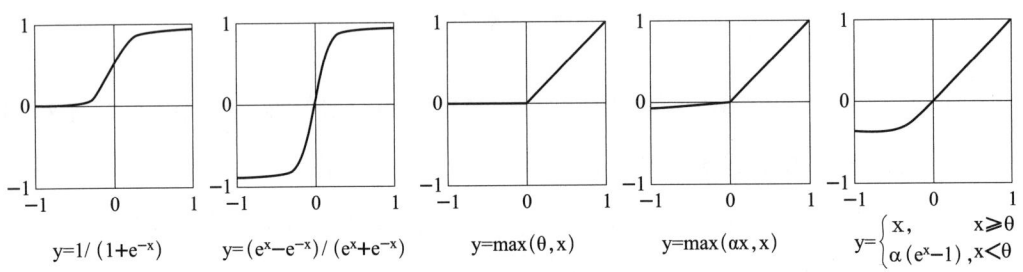

图 2-19　常见的激活函数

一个典型的卷积神经网络通常有三层，一个是卷积层，常用 CONV 来表示。另外两种常见类型的层分别是池化层（pooling layer，POOL）和全连接层（fully connected layer，FC）。池化层一般用来缩减模型的大小，提高计算速度，同时提高所提取特征的鲁棒性。假如输入是一个 4×4 矩阵，用到的池化类型是最大值池化（max pooling）。执行最大池化的大小为 2×2，步幅为 2。执行过程非常简单，把 4×4 的输入拆分成不同的区域，如图 2-20 所示。2×2 输出矩阵的每个元素都是其对应色块区域中的最大元素值。除了最大值池化外，常见的还有平均池化等。

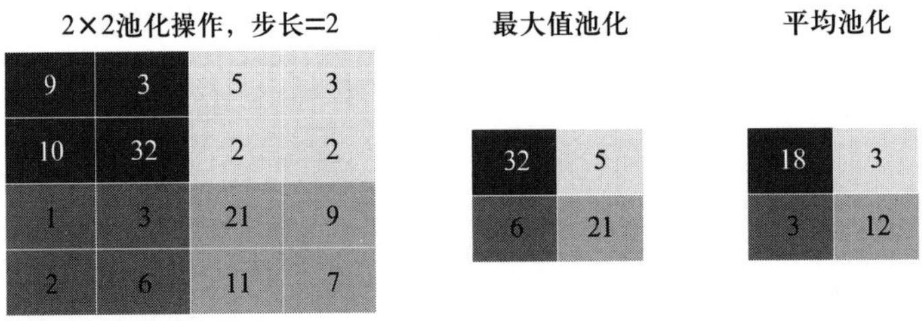

图 2-20　池化层操作示意图

全连接层是神经网络当中最常见的层结构，完全用全连接层搭建的模型又称为多层感知机，在深度卷积神经网络风靡全球之前，其一直都是神经网络当中的主力结构。

但它也存在非常明显的问题，如在对图像或视频数据进行处理时，无法感知一个区域的信息，以及参数量和计算量很大，容易造成模型过拟合。目前，通常见到的全连接层都是作为卷积神经网络的输出层被放置到最后，其计算本质上就是向量和矩阵的运算，最终输出的仍然是一个向量。

如图 2-21 所示，输入的特征长度为 c，全连接层的权重参数为 $n \times c$，输入特征与每一行权重参数进行乘累加，得到一个输出值，最终输出的向量维度为 n，经过 SoftMax 激活之后得到代表各个类别的推理概率。

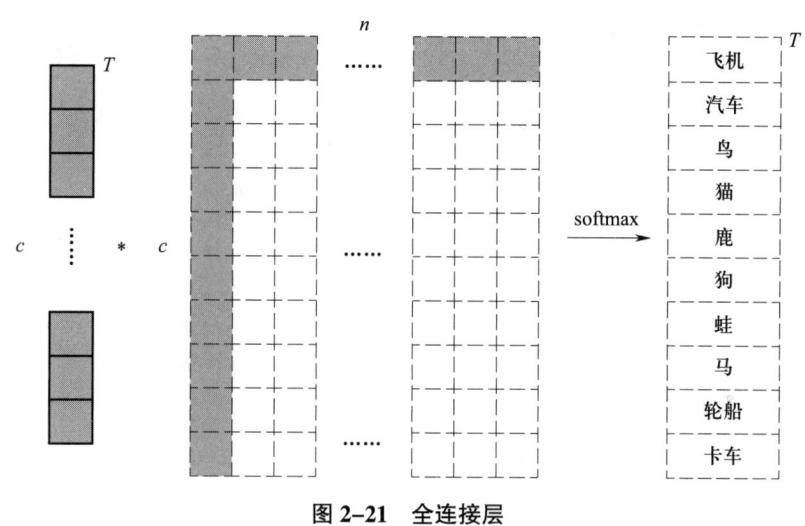

图 2-21　全连接层

当用算子来表示卷积神经网络时，同一网络中的算子名称需要保持唯一。同一网络中的同类型算子可能存在多个。如图 2-22 所示，CONV1、POOL、CONV2 都是网络中的算子名称，其中 CONV1 与 CONV2 算子的类型都是卷积，分别执行一次单层卷积网络的运算。

（二）神经网络量化简介

1. 神经网络量化的发展历史

深度学习技术发展迅速，深度神经网络在计算机视觉等领域取得了令人瞩目的成就。但是，深度神经网络在提升准确率的同时，模型复杂度也在不断增加，庞大的参数量和计算量给模型的部署应用，特别是面向资源有限的端侧设备带来了巨大的挑

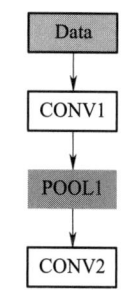

图 2-22　卷积网络结构中各层算子示意

战，如图 2-23 所示。因此，模型压缩（model compression）技术应运而生，在保证准确率没有明显损失的前提下，将模型尽可能地压缩，量化（quantization）和稀疏化（sparsification）是两种压缩效率高且应用广泛的压缩算法。其中，量化是将模型中的权重参数和中间激活值用低精度数据表示，将浮点计算转换为定点计算，以此降低模型部署时所需的存储空间、计算复杂度和能量消耗。稀疏化也称为网络剪枝（network pruning），通过将神经网络中不重要的连接裁掉，减小模型尺寸，加速推理计算。这两种算法既可以独立研究，也可以将二者结合实现更高的压缩比。

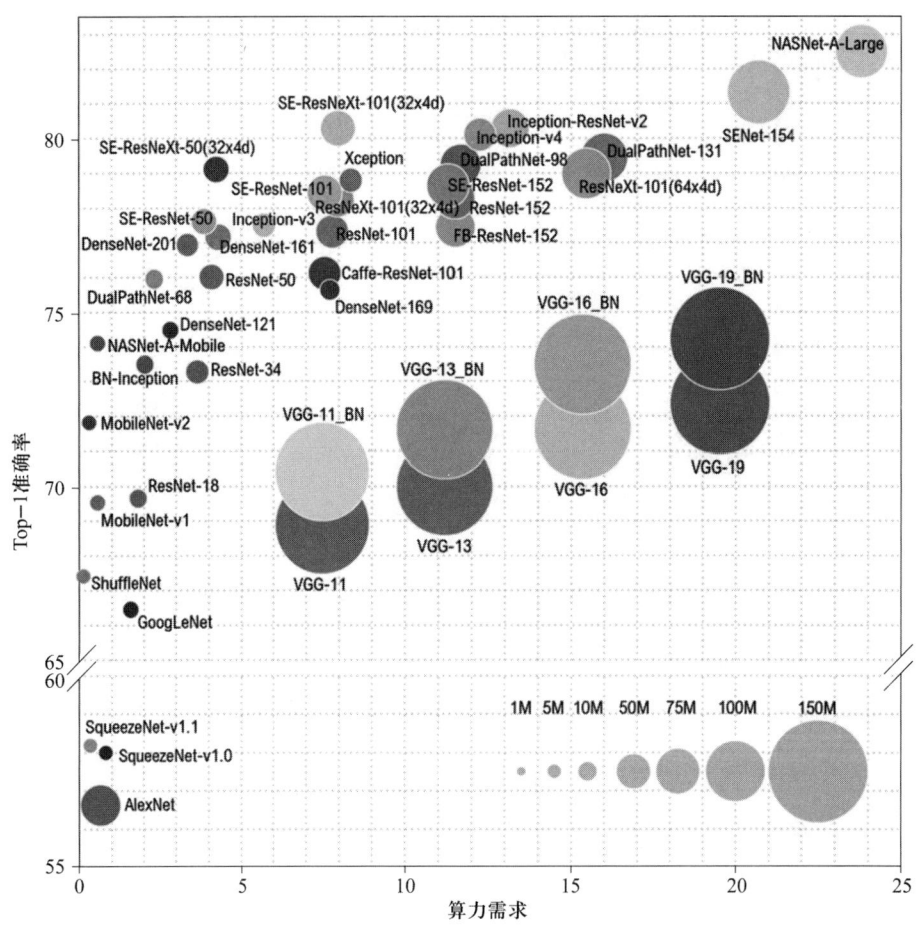

图 2-23 神经网络模型一览图

一般地，深度神经网络中的权重参数和中间激活值（activation）数据都是以 32-bit 单精度浮点（FP32）数据表示的。低 bit 量化则是将这些数据用更少的数据位宽表示，将高精度浮点运算转换为低精度定点运算，不但可以减少硬件资源占用，还能降低功耗。所以，目前业界许多优秀的深度学习推理加速库都支持了模型量化算法，如英伟达的 TensorRT 和高通的 SNPE。并且，对于某些仅支持定点计算的专用 DNN 加速器来说，低 bit 量化已经成为模型部署工作中必需的技术手段。

随着模型预测（predication）越来越准确，网络越来越深，神经网络消耗的内存大小成为问题，尤其是在移动设备上。通常情况下，目前的手机一般配备 4 GB 内存来支持多个应用程序的同时运行，而三个模型运行一次通常就要占用 1 GB 内存。

模型大小不仅是内存容量问题，也是内存带宽问题。模型在每次预测时都会使用模型的权重，图像相关的应用程序通常需要实时处理数据，这意味着至少每秒 30 帧（frame per second，FPS）。因此，如果部署相对较小的 ResNet-50 网络来分类，运行网络模型就需要 3 GB/s 的内存带宽。在网络运行时，内存、CPU 和电池都在飞速消耗，我们无法为了让设备变得智能就承受如此昂贵的代价。因此，深度学习领域对这些问题投入了大量的研究资源，主要有两个方面：①设计更有效的网络架构，用相对较小的模型尺寸达到可接受的准确度，如 MobileNet 和 SequeezeNet；②通过压缩、编码等方式减小网络规模，其中神经网络量化技术是最广泛采用的压缩方法之一。

由于神经网络被过度参数化，进而包含足够的冗余信息，裁剪这些冗余信息不会导致准确度的明显下降。相关证据表明，对于神经网络的推理任务而言，网络数值精度为 32 位浮点（floating point 32，FP32）和 8 位定点（integer 8，INT8）网络之间的准确度差距对于大型网络来说较小，因为大型网络过度参数化的程度更高。

2. 定点数量化与浮点数量化研究现状

由于神经网络对数据精度有很强的容忍性，使用低精度数据被广泛地应用于神经网络模型压缩领域中。根据低精度离散数值是否为均匀分布，量化算法可以分为均匀和非均匀两大类。使用定点数对神经网络的特征图与权重进行近似是一种典型的均匀量化方法，这种方法适合在 FPGA 和 ASIC 上进行部署。但是非均匀量化更加符合神经网络每一层的数据分布，其可以在相同的存储密度下取得更好的推理精度。很多工作分析了神经网络的特征图与权重的分布特征。可以看出，经过批量归一化（batch normalization，BN）层之后，神经网络的数据取值越接近于 0，概率越大。使用浮点数对神经网络的中间数据进行近似是一种典型的非均匀量化方法，采样特征满足指数分布。与定点数量化方法相比，浮点数量化对神经网络中间数据的采样精度更高。

借鉴神经网络定点数量化的经验，研究人员将浮点数的精度不断压缩。为了避免数据在存储时由于非对齐访问而造成的开销，8位浮点数（FP8）是一种非常受欢迎的低精度浮点格式。但是由于表示精度有限，参考 IEEE 754 浮点数的格式标准，FP8 包含两种格式，即 E4M3 与 E5M2（符号位占用 1 bit，E 表示指数位，M 表示二进制科学计数法的尾数，如 e4m3 表示指数位宽为 4 bits，二进制科学计数法的尾数为 3 bits），如图 2-24 所示。这两种格式根据神经网络每一层数据的特点来进行选择。如果数据取值范围较大，则牺牲数据表示精度，选择 E5M2 格式。反之，则选择 E4M3 格式。

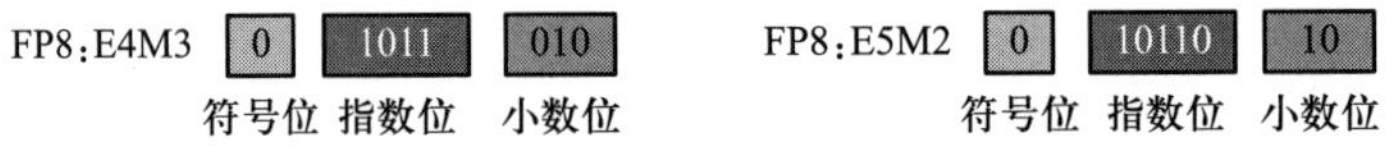

图 2-24　FP8 E4M3 和 E5M2 格式

另外，逐层量化是每一层的权重或激活张量的所有元素共享同一个量化参数，而逐通道量化则是同一通道的元素共享一个量化参数，通道间的量化参数可以不同。所以，逐通道量化比逐层量化拥有更高的自由度，但是也会带来额外的计算复杂度，支持逐层量化的硬件平台比逐通道量化的更加广泛。

单一精度和混合精度量化的区别在于，同一个模型的不同层采用的数据位宽是否统一。混合精度量化理论上可以根据量化敏感度为不同层分配不一样的数据位宽，更敏感的层分配更高的位宽，相对不敏感的层分配更低的位宽。混合精度量化需要有底层多精度计算单元的支持才能在实际部署中发挥优势。

3. 神经网络量化的应用

神经网络量化方法主要应用在端侧设备上，特别适合应用在 FPGA 和 ASIC 器件上。浮点数运算资源占用率较高，整体计算效率显著降低。在神经网络刚刚发展的阶段，在 FPGA 和 ASIC 中实现了浮点计算，但是功耗和面积开销较大。因此，目前面向 FPGA 和 ASIC 的 DNN 加速器主要采用定点数进行推理。例如，在 FPGA 优化设计中，普遍采用 DSP 来实现高效的乘法、加法或者逻辑运算，因此，如何有效地利用

DSP 的特性来提高神经网络的计算效率是在 FPGA 上部署 DNN 加速器的关键。利用 DSP 中的 1 个乘法器的高低位实现 2 个 8 bit 乘法运算，并且可以使 DSP 工作在逻辑电路 2 倍频的工作频率下，有效减小 DSP 的开销。

二、常见的人工智能芯片

下面首先介绍几种常见类型的人工智能芯片。

（1）按照实现方式来分，人工智能芯片主要包括图形处理器、现场可编程门阵列、神经网络芯片三种。三种芯片各有优劣势，最终应用在不同的场景下。人工智能芯片主要包括英伟达（NVIDIA）的图形处理器、谷歌（Google）的张量处理器（tensor processing unit, TPU）、IBM 的 TreueNorth、微软（Microsoft）的数据处理器（data processing unit, DPU）、百度的 XPU、寒武纪芯片等。另外，区别于传统的冯·诺依曼架构，最近几年存内计算也得到了很大发展，以应对当前数据爆发式增长所带来的存储墙和功耗墙的挑战。

（2）按照功能来分，人工智能芯片主要可以分为训练（training）用芯片和推理（inference）用芯片两种。训练环节一般需要通过输入大量数据，训练出一个复杂的深度神经网络模型。由于训练过程涉及海量的训练数据和复杂的深度神经网络结构，运算量巨大，对处理器的计算能力和精度等指标提出了很高的要求。当前市场上一般使用英伟达的 GPU 来完成训练任务，另外亚马逊、Google、百度等互联网巨头，专门设计了定制化的神经网络芯片，来加速深度神经网络模型的训练。推理环节是指利用训练好的模型，使用新的数据去"推理"出各种结果。推理环节的计算量相比训练环节会少很多，但仍然会涉及大量的矩阵运算。在推理环节中，可以使用 CPU 或 GPU 进行运算，也可以使用 FPGA 以及专用集成电路以达到更高的能效比。

（3）按照应用领域来分，人工智能芯片主要可以分为云端数据中心 AI 芯片、边缘端 AI 芯片和智能终端 AI 芯片三大类。

云端数据中心：无论是在深度学习的训练阶段还是推理阶段，由于深度神经网络模型非常复杂，所涉及的数据量及运算量都十分庞大，负责 AI 算法实现的芯片必须采用高性能计算芯片，支持尽可能多的神经网络模型以保证算法的泛化能力。为了进一步提升性能，人工智能芯片可以直接相互连接，构成一个性能强大的计算阵列。

边缘端：社会信息化和智能化的不断发展，带来了数据的爆发式增长。随着大量的数据向边缘下沉，边缘计算将有更大的发展。IDC 预测，未来超过 50% 的数据需要在边缘端进行储存、分析和计算，这就对边缘端的算力提出了更高的要求。芯片作为实现计算能力的载体，将具备更多的发展。

智能终端（手机、智能家居、可穿戴设备等）：智能终端 AI 芯片与云端数据中心 AI 芯片有着本质的区别。首先，必须保证很高的能效比；其次，对芯片任务处理的实时性要求很高，推理过程必须在本地化完成，所以要求智能终端设备必须具备足够的推理能力。由于不同的应用场景有不同的应用需求，如低功耗、低延迟、低成本等要求，因此智能终端的 AI 芯片多种多样。

三、人工智能芯片主要架构选择

（一）指令集架构的控制流处理器

这类处理器仿照 CPU，为深度学习应用专门定义一套指令集，用指令集来驱动处理器执行深度学习任务。典型的例子如寒武纪的 DianNao 架构处理器。DianNao 架构的设计很大程度上参考了 CPU 的设计思想，即采用指令集控制专用处理器执行 AI 应用。这种面向深度学习的专用指令集架构处理器由于设计相对简单，因此在可靠性和可拓展性等方面存在优势。

（二）数据流处理器

数据流处理器的计算行为发生在由数据流驱动的张量处理单元上，目前常见的张量处理单元是二维的 PE 阵列，能够最大限度地进行数据复用，减少访存带宽需求。常见的数据流处理器有两类：一类是权值固定处理器，典型例子如 Google 在 2017 年提出的 TPU1.0；另一类是输出固定处理器，寒武纪在 2015 年提出的 ShiDianNao 就是采用输出固定的架构。

（三）可重构处理器

可重构计算架构的主要特征就是"以软件定义硬件"。可重构的含义在于：可以根据算法需求，动态重构计算架构，可支持多种数据位宽。可重构芯片不属于传统的 CPU、GPU、FPGA 或 ASIC，而是一种全新类别的芯片，硬件功能随软件的变化而变化，应用改变软件、软件再改变硬件。目前在国内，清微智能是可重构计算芯片的领军企业，共推出用于边缘端的 TX2 系列、TX5 系列芯片和用于服务器领域的 TX8 系列三类芯片。

四、人工智能芯片主要接口功能

人工智能芯片可以与 CPU 组成异构计算单元。AI 芯片并不能取代 CPU 或者 GPU 的作用，而是作为 CPU 的 AI 运算协处理器，专门负责处理 AI 应用所需要的矩阵计算任务，而 CPU 作为核心逻辑处理器，负责统一进行任务调度。在服务器产品中，AI 芯片被设计成计算板卡，通过主板上的 PCIE 接口与 CPU 相连；而在终端设备中，由于面积、功耗成本等条件限制，AI 芯片需要以 IP 形式被整合进片上系统（system on chip，SoC），即系统级芯片中，组成异构计算架构，主要实现终端对计算力要求较低的 AI 推理任务。

人工智能芯片直接相互连接则可以构成一个性能强大的计算阵列。单颗芯片的性能是固定且有限的，在芯片设计阶段考虑预留相关的接口，芯片之间可以快速通信，最终在印制电路板（printed circuit board，PCB）上组成芯片阵列，共同处理一个大的任务。如清华大学 2019 年 8 月发布的"天机芯"，就组成了 5×5 的阵列，从而大大扩展了任务处理能力。

类似于一般的芯片，人工智能芯片的设计流程如图 2–25 所示。

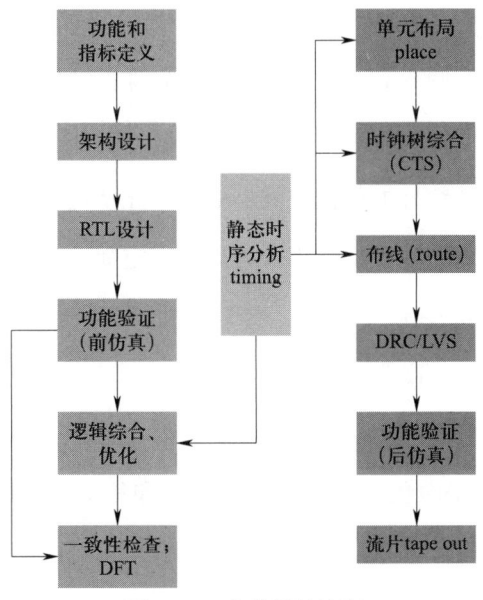

图 2–25　芯片设计流程

第三节 芯片代码编写

考核知识点及能力要求:

- 了解多种硬件描述语言的基础语法;
- 能够使用硬件描述语言构造简单电路;
- 能够使用硬件描述语言构造复杂矩阵乘法电路。

一、硬件描述语言(HDL)概述

芯片设计使用专门的硬件描述语言(hardware describe language,HDL)。比较常见的有 VHDL、Verilog HDL、SystemVerilog,以及新兴的基于 Scala 的 Chisel 语言。

任何编程语言都无法脱离它的应用环境。以软件设计领域中的 C 语言为例,在编写代码时,程序员会在脑海中想象一台负责指令解析与执行的处理单元,一块线性编址的代码空间,一块线性编址的数据空间。处理单元从约定的起始地址开始,从代码空间中顺序或跳跃的读取指令,根据指令处理数据空间中的数据。在这一简单模型的基础上,再进一步深入考虑指令的中断、异常、同步、原子、并发,以及数据的缓存、分层、缓存一致性、读写一致性等专题。

对于硬件描述语言,程序员同样需要在脑海中想象出一幅画面。如图 2-26 所示,一个典型的同步电路由负责运算的组合逻辑和负责记忆的时序逻辑构成。这两种逻辑有序地组织在一起,并通过时钟、复位的驱动,来实现各种期望的功能。不论同步逻辑电路的规模多么宏大,其拓扑结构都是不变的。这种结构也便于电子设计自动化（electronic design automation，EDA）工具进行时序分析和综合优化。在初级阶段，主要使用硬件描述语言描述这种形式的电路。经过深入学习后，再考虑复用电路中各个基础部件的实现：异步电路、门控时钟、复位电路，以及如先入先出队列（first in first out，FIFO）、状态机（finite-state machine，FSM）等基础部件。

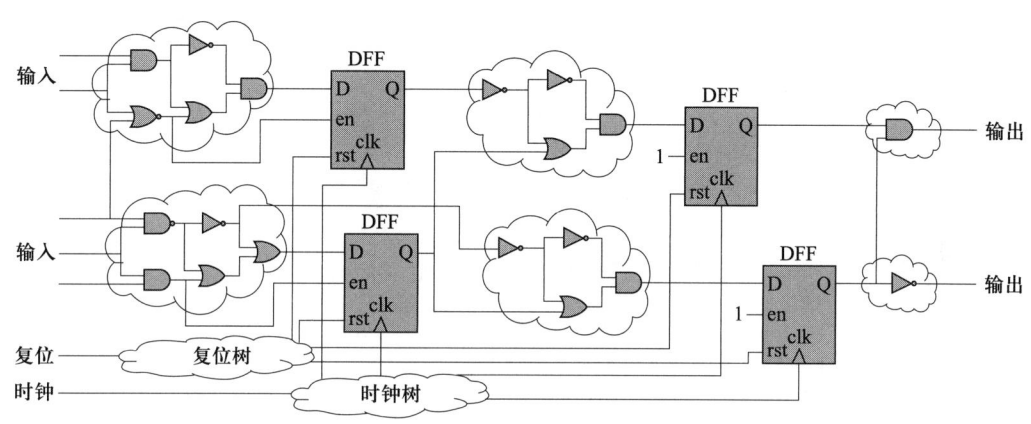

图 2-26　一个典型的同步逻辑电路

初学者学习硬件描述语言，最容易出现的问题就是用软件的思维来考虑硬件实现。虽然有些语言在设计时借鉴了很多 C 语言的语法，但设计者在编码时，一定要清楚自己是在用语言的方式描述一幅电路图，而不是一段存储在代码、数据空间的程序。

为了能够对硬件描述语言有一个初步的概念，下面分别用 4 种经典的 HDL 语言来实现一个典型的矩阵乘法模块，实现如下功能：

$$D = A \times B^T \tag{2-1}$$

其硬件结构如图 2-27 所示。

输入 A，B 为 4×4 的方阵，数据精度为 8 bit 的有符号数，分别记为 A［3:0］［3:0］，B［3:0］［3:0］；输入 en 为 1 bit 的使能信号。

输出 D 为 4×4 的方阵，数据精度为 18 bit 的有符号数，记为 D［3:0］［3:0］。由于 8 bit 与 8 bit 的有符号数相乘，结果为 16 bit，再有 4 个数求和，需要 2 bit，因此乘累加结果保留（16+2=18）bit 可以确保数据不会溢出。输出 Valid 为 1 bit 信号，代表计算结果是否有效。

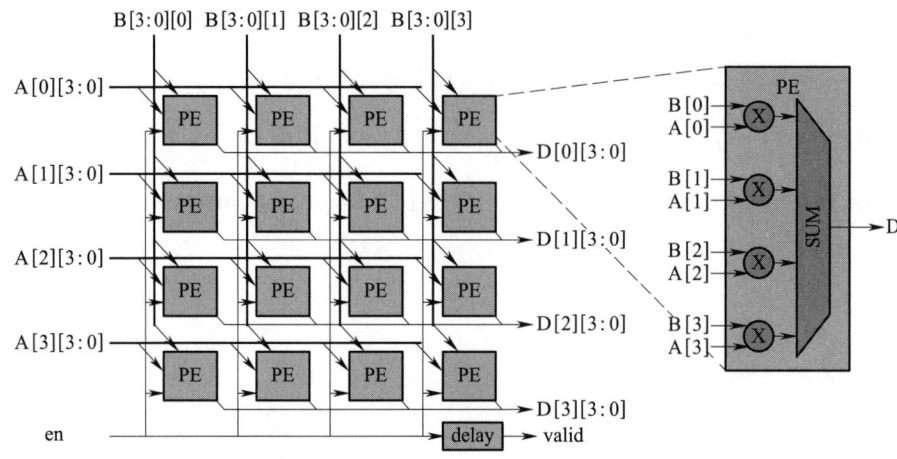

图 2-27　4×4 矩阵乘法

延迟信息描述如下：8 bit 有符号乘法器使用 1 个周期（cycle）完成，4 个 16 bit 数据求和使用 1 个 cycle 完成。矩阵乘法整体延迟 2 个 cycle，可流水。

乘法器采用标准库中的实现，模块名称为 DW02_mult_2_stage，接口描述见表 2-5。

表 2-5　接口描述

接口名称	位宽	信号方向	功能描述
CLK	1 bit	input	乘法器时钟
A	8 bit	input	被乘数
B	8 bit	input	乘数
TC	1 bit	input	是否为有符号数，0 = unsigned；1 = signed
PRODUCT	16 bit	output	乘积结果

二、Verilog 硬件描述语言介绍

Verilog HDL 是当前较为流行的硬件描述语言，其最初是为了硬件电路仿真而设计，但由于其相较于 VHDL 书写简便，语法接近 C 语言，易于上手，且有 EDA 软件的良好支持，后来被广泛应用于芯片设计中。本章节主要介绍 Verilog HDL 的可综合语法。

(一)代码组织结构

使用 Verilog HDL 描述一个芯片,可以将其看作一系列模块(module)的嵌套。芯片的最顶层使用一个模块文件进行描述,里面分别调用其余的模块来实现各个子模块。以此类推,每个子模块还可以包含更多的下一级子模块,直到最底层的逻辑。通常情况下,一个文件只可描述一个模块,且文件名和模块名相同。

模块由对外可配置参数、输入输出接口信号、内部变量定义、逻辑功能实现这四部分构成。首先看一段采用 Verilog2001 风格书写的代码,然后根据代码再进行 Verilog HDL 的详细介绍。该代码实现了处理单元(processing elements,PE)。

```verilog
// File name: PE.v
module PE #(
//------------------------configurable parameter------------------------
    parameter MAC_IN_DW = 8,                  // input width of PE
    parameter MAC_OUT_DW = 18                 // output width of PE
) (
//------------------------interface of module------------------------
    input                           clk_i,      // clock
    input                           rst_n_i,    // reset
    input  [4*MAC_IN_DW-1 : 0]      mac_a_i,    // 4 input multipliers
    input  [4*MAC_IN_DW-1 : 0]      mac_b_i,    // 4 input multiplicands
    input                           en_i,       // enable signal
    output [MAC_OUT_DW-1 : 0]       mac_prod_o  // output of PE
);
//------------------------internal variables------------------------
    wire   [4*MAC_IN_DW-1 : 0]      pe_a;
    wire   [4*MAC_IN_DW-1 : 0]      pe_b;
    reg    [4*2*MAC_IN_DW-1 : 0]    prod;
```

```verilog
        reg     [MAC_OUT_DW-1 : 0]          sum_prod;
    reg     [MAC_OUT_DW-1 : 0]              mac_prod;
    reg                                     en_dly;
        genvar gi;
//------------------------------instance----------------------------------
        assign pe_a = en_i ? mac_a_i : {4*MAC_IN_DW{1'b0}};
        assign pe_b = en_i ? mac_b_i : {4*MAC_IN_DW{1'b0}};
generate
    for(gi=0; gi<4; gi=gi+1) begin : PE_num
        DW02_mult_2_stage inst_DW02_mult_2_stage (
            .CLK        (clk_i),
            .A          (pe_a[gi*8 +: 8]),
            .B          (pe_b[gi*8 +: 8]),
            .TC         (1'b1),
            .PRODUCT    (prod[gi*16 +: 16])
        );
    end
endgenerate
    // sum of product
    always @(*) begin
        sum_prod = prod[0*MAC_OUT_DW +: MAC_OUT_DW]
                 + prod[1*MAC_OUT_DW +: MAC_OUT_DW]
                 + prod[2*MAC_OUT_DW +: MAC_OUT_DW]
                 + prod[3*MAC_OUT_DW +: MAC_OUT_DW];
    end
    // DFF of product
```

```
        always @(posedge clk_i or negedge rst_n_i) begin
            if(!rst_n_i) begin // connect to the reset pin of DFF
                mac_prod <= {4*MAC_OUT_DW{1'b0}};
            end else begin
                en_dly <= en_i
                if(en_dly) begin // connect to the EN pin of DFF
                    mac_prod <= sum_prod;
                end
            end
        end
        assign mac_prod_o = mac_prod;
endmodule
```

上述代码中，对外可配置参数部分由一系列 parameter 构成。此处的 parameter 可以设置默认值，如果上一层模块在调用该模块时，没有指定参数赋值，则使用默认值；反之，就使用新设置的参数值。

输入输出接口信号有三种类型，分别是 input、output 和 inout。在芯片内部，由于所有连线都是单向的，因此内部信号仅使用 input 和 output 这两种信号。inout 仅用在芯片的双向 pad 或者仿真环境中。输入/输出信号可以是多 bit 的，但是无法设置成数组格式。如果需要传输数组，可以将其转换成多 bit 信号后再进行连接。

内部变量定义中包含了当前模块的实现中所有非输入输出的变量。常见的变量类型有 wire、reg、integer 及 genvar。后续实现中采用 assign 赋值的变量需要定义成 wire 类型；在 always 块中定义的变量需要定义成 reg 类型。这两种类型表示实际的连线，有 4 种取值：0、1、x、z。0 表示低电平；1 表示高电平；x 表示当前有值，但不确定是 0 还是 1；z 表示该信号处于高阻状态。integer 为 32 bit 有符号变量，由于不表示实际的连线，因此没有 x、z 状态，是一个纯粹的软件意义上的变量。genvar 仅用于 generate 相关结构中，取值范围与 integer 相同。

逻辑功能实现部分主要由该模块的具体实现构成，可以包含以下三种block：always块、assign语句及子模块的实例化。always块的敏感变量如果是电平信号，则综合后形成组合逻辑，如果敏感变量是电平信号，则综合后形成时序逻辑，即以DFF为代表的触发器逻辑。assign语句可以认为是电平触发的always块的简写，经过综合后同样形成组合逻辑。子模块的实例可以实现多级模块的嵌套。

可以看出，wire和reg的定义仅与变量处于assign还是always块中有关，而与综合后是组合逻辑还是时序逻辑无关。在后续SystemVerilog的语法中，使用logic解决了这个容易混淆的问题。

另外需要注意的是，在这段代码中，数据通路的prod_dff是可以通过去掉DFF的复位信号来节省面积的。另外，在PE没有使能的情况下，可以通过关闭clock来进一步节省功耗。

（二）基础语法

1. 数据类型

综合Verilog HDL中常见的数据类型可以分为常量、变量（wire、reg、tri、integer、genvar）、数组。其中，作为一门硬件描述语言，常量可以方便地指示数据的位宽。如，24'hAF_55AA表示24 bit的16进制0xAF55AA。常量的表示格式如下：

> < 位宽 >'< 进制 >< 数值 >

其中，进制可以表示成二进制（b）、八进制（o）、十进制（d）、十六进制（h）。数值之间可以插入任意下划线，便于阅读。

变量用于表示综合后的实际连线或代码用到的辅助变量。常见的用于表示连线的类型有wire和reg，除此之外还有tri等不常用的线网类型。其定义方法为：

> [wire|reg] [MSB : LSB] var1 (, var2);

其中，MSB和LSB表示定义的变量的位数范围，LSB可以不为0。使用时，可以通过var［MSB:LSB］的方式指定一个变量的特定几位。当仅指定1位时，可以简写为var［BIT］。

常量和变量可以使用大括号与逗号方便地实现拼接与位扩展。如 {32{1'b0}} 表示 32 个 1 bit 的 0 数据；{var1，var2} 表示这两个变量按照 var1 在高位，var2 在低位的方式进行拼接。

integer 和 genvar 则是用于软件流程调度的变量，其定义的变量在网表中未对应具体实现。其中在 block 中的循环或判断可以使用 integer 形式的变量；在 generate 语句中必须使用 genvar 变量。

Verilog HDL 可以定义任意位宽的数组。数组的定义形式如下：

> < 数据类型 > [D2_S:D2_E] < 数组名称 >[D0_S:D0_E][D1_S:D1_E]...

其中，数据类型可以是 reg、wire 或 integer。数组中的数据按照从外到内的循环，分别为 D0、D1 和 D2。

2. 操作符

Verilog HDL 语言中的操作符与 C 语言类似，主要包括如下运算符。

（1）算术操作符：+（加法）、-（减法）、×（乘法）、÷（除法）和 %（取模）。

（2）关系操作符：>（大于）、<（小于）、≥（大于或等于）和≤（小于或等于），计算结果为真（1）或者假（0）。

（3）相等操作符：==（逻辑相等）、! =（逻辑不相等）、===（逻辑全等）和! ==（非全等）。

（4）逻辑操作符：&&（逻辑与）、||（逻辑或）、!（逻辑非）。

（5）按位操作符：~（一元非）、&（二元与）、|（二元或）、^（二元异或）和 ~^（二元异或非）。

（6）移位操作符：<<（左移）、>>（右移）。

（7）条件操作符：条件操作符根据条件表达式的值选择表达式。

（三）可综合 Verilog HDL 注意事项

1. 综合模板匹配

书写 Verilog HDL 代码时，首先要注意该语言描述的是具体电路，而不是存储于代码空间的代码段。因此，仅采用几种固定书写格式。对于组合逻辑，我们采用阻塞赋值进行实现，具体组合逻辑可以任意组织。对于时序逻辑，推荐使用下面这种与 DFF 的端口完全对应的写法：

```verilog
// DFF
always @(posedge clk_i or negedge rst_n_i) begin
    if(!rst_n_i) begin // connect to the reset pin of DFF
        Q <= D_init;
    end else begin
        if(EN) begin // connect to the EN pin of DFF
            Q <= D;
        end
    end
end
```

套用上述模板书写的时序逻辑，可以清晰地知道 DFF 的每一个端口连接的信号。另外，DFF 的复位端和 clock 端类似，仅可以接入来自复位树的信号，不可接入正常信号。否则，EDA 工具分析这里的时序的时候，会发现此处的组合逻辑延迟由于混入了复位树的延迟，计算出错。

2. 每个 block 块的输出信号唯一

可综合的 Verilog HDL 要求任意一个变量仅可以在同一个 block 块中进行赋值。因为每一个 block 都被综合工具认定为一段有输入、输出的电路，如果有两个 block 同时对相同的变量进行输出，则综合工具会认为这两个 block 的输出短接在一起，造成短路。

3. 书写逻辑需要预防 latch

在书写组合逻辑的时候，需要将所有的条件分支写全，避免出现组合逻辑的输入和输出直接短接在一起的情况。综合工具遇到这种情况的时候，会直接综合成电平触发的 latch 器件。latch 由于涉及 clock 的电平信号，与前面章节所讲述的 EDA 工具支持的组合逻辑及 DFF 构成的拓扑结构不兼容，会对 EDA 工具的时序分析造成困难，因此一般不建议这样书写。如果电路中确实需要出现 latch，需要显式指定，并在 EDA

工具中手动分析对应部分的时序。

4. 阻塞赋值与非阻塞赋值的区别

简单来说，组合逻辑采用阻塞赋值，时序逻辑采用非阻塞赋值，只要满足这一规范，写出的代码就不会出现仿真与综合不一致的情况。由于 Verilog HDL 语言本身的缺陷，仿真工具和综合工具看待同一段代码时，其处理逻辑是不一样的。在综合工具看来，block 块的性质就决定了该段代码综合后是组合逻辑还是时序逻辑。而在仿真工具看来，所有 block 分成多个线程在时间上顺序执行，在时序电路中写了阻塞赋值，会导致该信号在当前 clock 中发生变化，仿真不会报错，但是仿真结果却和综合结果不一致了。因此，书写可综合 Verilog HDL 语言时，需要严格遵守组合逻辑采用阻塞赋值，时序逻辑采用非阻塞赋值这一约定。

（四）矩阵乘法示例

PE 单元的实现见前文的代码，整体 4×4 的 PE 阵列的代码见下方：

```verilog
// File name: MMUL.v
module MMUL #(
//------------------------configurable parameter------------------------------
    parameter MAC_IN_DW = 8,              // input width of PE
    parameter MAC_OUT_DW = 18             // output width of PE
) (
//------------------------interface of module--------------------------------
    input                         clk_i,         // clock
    input                         rst_n_i,       // reset
    input [16*MAC_IN_DW-1 : 0]    mac_a_i,       // 4*4 input multipliers
    input [16*MAC_IN_DW-1 : 0]    mac_b_i,       // 4*4 input multiplicands
    input                         en_i,          // enable signal
    output[16*MAC_OUT_DW-1 : 0]   mac_prod_o,    // output of Matrix multiply
    output                        valid_o        // valid signal for output
```

```verilog
    );
    //------------------------internal variables------------------------
        wire   [16*MAC_OUT_DW-1 : 0] pe_rslt;
        reg    [16*MAC_OUT_DW-1 : 0] pe_rslt_dff;
        reg    [1 : 0]               en_dlychain;
        genvar gi, gj;
    //-----------------------------instance-----------------------------
    generate
        for(gi=0; gi<4; gi=gi+1) begin : PE_array_h
            for(gj=0; gj<4; gj=gj+1) begin : PE_array_v
                PE inst_PE (
                    .clk_i        (clk_i),
                    .rst_n_i      (rst_n_i),
                    .mac_a_i      (mac_a_i[gi*32 +: 32]),
                    .mac_b_i      (mac_b_i[gj*32 +: 32]),
                    .en_i         (en_i),
                    .mac_prod_o   (pe_rslt[(gi*4+gj)*18 +: 18])
                );
            end
        end
    endgenerate
        // DFF of PE
        always @(posedge clk_i or negedge rst_n_i) begin
            if(!rst_n_i) begin // connect to the reset pin of DFF
                en_dlychain <= {2'h0};
            end else begin
```

```
                en_dlychain <= {en_dlychain[0:0], en_i};
         end
     end
assign valid_o = en_dlychain[1];
assign mac_prod_o = pe_rslt;
endmodule
```

三、VHDL 硬件描述语言

（一）VHDL 简介

VHDL 是一种标准化程度较高的硬件描述语言，全称为超高速集成电路硬件描述语言（very high speed integration circuit hardware description language）。它源于美国国防部的超高速集成电路计划，目的是在各个集成电路厂商间建立一个统一的设计数据和文档交换格式。VHDL 主要用于描述数字系统的结构、行为、功能和接口。除了含有许多具有硬件特征的语句外，VHDL 的语言形式、描述风格以及语法十分类似于一般的计算机高级语言。

（二）VHDL 基础

1. 数据类型

和其他高级语言一样，VHDL 提供了多种标准的数据类型。

（1）在 STD 库的 STANDARD 程序包中定义了布尔数据类型（boolean）、位（bit）、位矢量（bit_vector）、整数（integer）、自然数/正整数（natural/positive）、字符（character）、实数（real）、字符串（string）、时间（time）和错误等级（severity level）等 10 种数据类型。其中前 6 种可综合，后 4 种不可综合，只用于系统仿真。

（2）在 IEEE 库的 STD_LOGIC_1164 程序包中定义了标准逻辑型（std_logic）和标准逻辑矢量型（std_logic_vector）。这两种数据类型均可综合，应用非常广泛。

（3）在 IEEE 库的 STD_LOGIC_ARITH 程序包中扩展了无符号型（unsigned）、有符号型（signed）和小整型（small_int）。其中前两种数据类型可综合。

为了方便用户进行设计，还可以由用户自定义数据类型，如数组类型（array type）、枚举类型（enumeration type）、记录类型（record type）和文件类型（files type）等，也可在已有的数据类型基础上做一些范围限定而形成一种新的数据类型。

VHDL是一种强类型语言，数据类型的定义相当严格，不同类型的数据间不能进行运算或者赋值。即使数据类型相同，位宽不同也不能直接赋值。

2. 运算操作符

运算操作符是VHDL表达式中必不可少的元素，VHDL有4类运算符。

（1）逻辑运算符：包括取反（not）、与（and）、或（or）、与非（nand）、或非（nor）、异或（xor）和同或（xnor）。

（2）关系运算符：包括等于（=）、不等于（/=）、大于（>）、小于（<）、大于等于（>=）和小于等于（<=）。

（3）算术运算符：包括加（+）、减（-）、乘（×）、除（/）、求模（mod）、取余（rem）、乘方（x^2）、取绝对值（abs）、正号（+）、负号（-）、逻辑左移（sll）、逻辑右移（srl）、算术左移（sla）、算术右移（sra）、逻辑循环左移（rol）和逻辑循环右移（ror）。

（4）并置运算符：并置运算符（&）用来将两个或多个位或位矢量拼接成维数更大的矢量。

3. 数据对象

VHDL程序中凡是可以赋值的客体都称为数据对象，VHDL共有4种数据对象：常量（constant）、变量（variable）、信号（signal）和文件（files）。其中，文件类型主要用于仿真，其余三种是在可综合的电路设计中经常用到的。

需要注意区分变量和信号两种数据对象。

变量并不对应实际的物理连线、节点，只在进程中用作局部临时性的数据存储单元，变量的赋值使用":="符号，变量一经赋值立即生效，不允许出现附加延时。

信号主要用于描述硬件电路中的一条硬件连线或指定电路内部的某一节点，信号赋值使用"<="符号，信号的赋值在进程结束时才生效，可以包含延时。

4. VHDL 程序的基本结构

VHDL 程序通常包含实体（entity）、结构体（architecture）、程序包（package）、配置（configuration）和库（library）五部分。

实体用于描述所设计系统的外部接口信号；结构体用于描述系统内部的结构和行为；程序包存放各种设计模块都能共享的数据类型、常量和子程序等；配置用于从库中选取所需单元来组成系统设计的不同版本；库用于存放已经编译的实体、结构体、配置和程序包，可由用户生成或由 ASIC 芯片制造商提供，以便于在设计中为大家所共享。

实体和结构体是每个程序必备的，是最基本的 VHDL 程序组成部分。

5. VHDL 结构体的描述方式

VHDL 程序会在结构体中描述系统内部的结构和行为，可以采用 3 种不同风格的描述方式进行描述，即行为描述方式、寄存器传输级描述方式和结构描述方式。其中，采用后两种描述方式的 VHDL 程序可以进行逻辑综合，而采用行为描述的 VHDL 程序一部分只用于系统仿真，一部分也可以进行逻辑综合。

行为描述是对设计实体的数学模型进行描述，类似于高级编程语言。当描述一个设计实体的行为时，无须知道具体电路的结构，只需要描述清楚输入与输出信号的行为，可以降低设计难度。

寄存器传输级（RTL，register transfer level）描述也称为数据流描述，是一种明确规定寄存器的描述方式。它利用 VHDL 语言中的赋值符和运算符进行描述，既包含逻辑单元的结构信息，又隐含地表示某种行为。

结构描述是在设计中采用元件例化的形式，通过调用库中的元件或是已经设计好的模块来完成对设计实体功能的描述。在结构体中，只表示出该实体所包含的元件或模块之间的相互连接关系。

6. VHDL 基本语句

在用 VHDL 描述系统硬件行为时，按语句执行顺序对其进行分类，可以分为顺序（sequential）描述语句和并行（concurrent）描述语句。例如，进程语句是一个并发语句,在一个结构体内可以有多个进程语句同时存在,各个进程语句是并发执行的,与书写顺序无关。而在进程内部的所有语句都是顺序描述语句,是按照书写的顺序自上而下逐条执行的。

顺序描述语句包括赋值语句、IF 语句、CASE 语句、LOOP 语句、NEXT 语句、EXIT 语句、WAIT 语句、断言语句、子程序调用语句、RETURN 语句、REPORT 语句和 NULL 语句。

并行描述语句包括并行信号赋值语句、PROCESS 进程语句、BLOCK 块语句、元件例化语句、生成语句和并行过程调用语句。

(三)用 VHDL 实现 4×4 MAC 阵列

1. 在 my_mac_pkg 文件中定义所需的数组类型

```
library ieee;
use ieee.std_logic_1164.all;

package my_mac_pkg is
    type mac_in_array   is array (15 downto 0) of std_logic_vector( 7 downto 0);
    type mac_out_array is array (15 downto 0) of std_logic_vector(17 downto 0);
    type pe_in_array    is array ( 3 downto 0) of std_logic_vector( 7 downto 0);
    type pe_prod_array is array ( 3 downto 0) of std_logic_vector(15 downto 0);
    type pe_in_matrix   is array ( 3 downto 0) of pe_in_array;
end my_mac_pkg;
```

2. 实现 mac_pe 单元

```
library ieee;
use ieee.std_logic_1164.all;
use ieee.std_logic_arith.all;
```

```vhdl
use work.my_mac_pkg.all;

--------------------------------------------------------------------
-- ENTITY
--------------------------------------------------------------------
entity mac_pe is
    port (
        clk_i       : in   std_logic;
        rst_n_i     : in   std_logic;
        pe_a_i      : in   pe_in_array;
        pe_b_i      : in   pe_in_array;
        pe_d_o      : out std_logic_vector(17 downto 0)
    );
end mac_pe;

--------------------------------------------------------------------
-- ARCHITECTURE
--------------------------------------------------------------------
architecture struct of mac_pe is
    -- component
    component DW02_mult_2_stage
        generic (
            A_width : natural;
            B_width : natural
        );
```

```
port (
    A       : in  std_logic_vector(A_width-1 downto 0);
    B       : in  std_logic_vector(B_width-1 downto 0);
    TC      : in  std_logic;
    CLK     : in  std_logic;
    PRODUCT : out std_logic_vector(A_width+B_width-1 downto 0)
);
end component;

-- signals
signal  prod            : pe_prod_array;
signal  prod_0_vec      : std_logic_vector(15 downto 0);
signal  prod_1_vec      : std_logic_vector(15 downto 0);
signal  prod_2_vec      : std_logic_vector(15 downto 0);
signal  prod_3_vec      : std_logic_vector(15 downto 0);
signal  prod_ext0_vec   : std_logic_vector(17 downto 0);
signal  prod_ext1_vec   : std_logic_vector(17 downto 0);
signal  prod_ext2_vec   : std_logic_vector(17 downto 0);
signal  prod_ext3_vec   : std_logic_vector(17 downto 0);

begin
    -- instance - u_mul
    gen1 : for i in 3 downto 0 generate
        u_mul : DW02_mult_2_stage
        generic map (
```

```
                    A_width => 8,
                    B_width => 8
                )
                port map (
                    A       => pe_a_i(i),
                    B       => pe_b_i(i),
                    TC      => '1',
                    CLK     => clk_i,
                    PRODUCT => prod(i)
                );

end generate;


prod_0_vec      <= prod(0);

prod_1_vec      <= prod(1);

prod_2_vec      <= prod(2);

prod_3_vec      <= prod(3);


prod_ext0_vec <= prod_0_vec(15) & prod_0_vec(15) & prod_0_vec;

prod_ext1_vec <= prod_1_vec(15) & prod_1_vec(15) & prod_1_vec;

prod_ext2_vec <= prod_2_vec(15) & prod_2_vec(15) & prod_2_vec;

prod_ext3_vec <= prod_3_vec(15) & prod_3_vec(15) & prod_3_vec;


p_sum : process (clk_i, rst_n_i)
    begin
        if rst_n_i = '0' then
```

```vhdl
                    pe_d_o <= (others => '0');
                elsif clk_i'event and clk_i = '1' then
                    pe_d_o <= signed(prod_ext0_vec) +
                             signed(prod_ext1_vec) +
                             signed(prod_ext2_vec) +
                             signed(prod_ext3_vec);
                end if;
        end process p_sum;

end;

------------------------------------------------------------
-- CONFIGURATION
------------------------------------------------------------
configuration mac_pe_default_cfg of mac_pe is
    for struct

    end for;
end mac_pe_default_cfg;
```

3. 实现 MAC 阵列

```vhdl
library ieee;
use ieee.std_logic_1164.all;
use work.my_mac_pkg.all;
```

```vhdl
--------------------------------------------------------------------------------
-- ENTITY
--------------------------------------------------------------------------------
entity mac is
    port (
        clk_i       : in   std_logic;
        rst_n_i     : in   std_logic;
        a_i         : in   mac_in_array;
        b_i         : in   mac_in_array;
        en_i        : in   std_logic;
        d_o         : out  mac_out_array;
        valid_o     : out  std_logic
    );
end mac;


--------------------------------------------------------------------------------
-- ARCHITECTURE
--------------------------------------------------------------------------------
architecture struct of mac is
    -- component
    component mac_pe
        port (
            clk_i       : in   std_logic;
            rst_n_i     : in   std_logic;
            pe_a_i      : in   pe_in_array;
            pe_b_i      : in   pe_in_array;
```

```
            pe_d_o           : out std_logic_vector(17 downto 0)
    );
end component;


-- signals
signal pe_a          : pe_in_matrix;
signal pe_b          : pe_in_matrix;
signal en_dly        : std_logic;


begin
    -- signals assignment
    gen1i : for i in 3 downto 0 generate
        gen1j : for j in 3 downto 0 generate
            pe_a(i)(j) <= a_i(i*4+j);
            pe_b(i)(j) <= b_i(i*4+j);
        end generate;
    end generate;


    -- instance - u_mac_pe
    gen2i : for i in 3 downto 0 generate
        gen2j : for j in 3 downto 0 generate
            u_mac_pe : mac_pe
                port map (
                    clk_i       => clk_i,
                    rst_n_i     => rst_n_i,
                    pe_a_i      => pe_a(i),
```

```vhdl
                        pe_b_i      => pe_b(j),
                        pe_d_o      => d_o(i*4+j)
                    );
        end generate;
    end generate;

    p_valid : process (clk_i, rst_n_i) begin
        if rst_n_i = '0' then
            valid_o <= '0';
            en_dly  <= '0';
        elsif clk_i'event and clk_i = '1' then
            valid_o <= en_dly;
            en_dly  <= en_i;
        end if;
    end process p_valid;

end;


--------------------------------------------------------------------------
-- CONFIGURATION
--------------------------------------------------------------------------
configuration mac_default_cfg of mac is
    for struct

    end for;
end mac_default_cfg;
```

四、SystemVerilog 硬件描述语言

在上文介绍的 Verilog 硬件描述语言和 VHDL 硬件描述语言中，了解到这类硬件描述语言主要用于描述数字电路的硬件行为，并通过综合器将其转化为相应的数字逻辑电路。然而，随着数字电路功能和复杂度的不断攀升，开发人员亟须一种更为高效的硬件设计与验证工具，而 SystemVerilog 语言就在这种背景下应运而生。SystemVerilog 建立在 Verilog 语言的基础上，是 IEEE 1364 Verilog-2001 标准的扩展增强，包括扩充了 C 语言数据类型、结构、压缩和非压缩数组、接口、断言等，相比于 Verilog，SystemVerilog 的高抽象层次设计建模能力显著提升。不仅如此，SystemVerilog 还提供了丰富的数字电路验证能力，可以更便捷地生成约束随机激励、构建面向对象的 testbench、更丰富的覆盖率统计方法等。因此，SystemVerilog 被称为一种硬件描述和验证语言（hardware description and verification language，HDVL），它通常被定位在芯片的实现和验证流程上，在系统级的设计和验证流程中均发挥着重要的作用。

本节内容将简要介绍 SystemVerilog 的电路设计能力，主要介绍其可综合的语法特性，展示其是如何通过更丰富的数据类型、结构体类型和接口类型来提供高抽象层级的设计方法的。关于 SystemVerilog 作为一种验证语言的功能介绍，将在后续验证相关内容中详细展开。

（一）SystemVerilog 的内建数据类型

在 Verilog 中，由于需要描述不同的硬件结构，数据类型总体分为线网（net）和变量（variable）两大类。其中，线网类型设计用于表示导线结构，它不存储状态，只能负责传递驱动级的输出。常见的线网数据类型包括 wire、tri、wand 和 supply 等。而变量数据类型则用于设计表示存储结构，它具有内部存储状态，并在时钟沿到来或异步信号改变等条件触发时改变内部状态。其中，reg 是最典型的 variable 数据类型。常见的变量数据类型包括 reg、integer、time、real 等。和 Verilog 相比，SystemVerilog 提供了很多改进的数据类型和数据结构，以便能够在更抽象的层次上建模硬件。

1. logic 数据类型

对于 Verilog 初学者而言，reg 和 wire 是两类经常被使用但是难以区分的数据类型，

尤其在端口驱动、模块连接等场景里，二者的用法经常混淆。SystemVerilog 对经典的 reg 数据类型进行了改进，将其扩展为一种新的数据类型 logic。logic 数据类型除了作为一个变量并且可以被过程赋值外，还可以被连续赋值。编译器可以根据用户所描述的硬件模型，自动推断 logic 是 reg 还是 wire 数据类型。因此，logic 数据类型比 Verilog 的 wire 和 reg 数据类型更加灵活，它使得设计者可以在多个抽象层次上更加容易地进行硬件建模，并且随着设计的不断深入能够加入一些设计细节而不必改变数据类型的声明。

需要注意的是，尽管 logic 数据类型可以用于任何使用线网的地方，但是 logic 信号不能具有多个结构性的驱动，例如，在对双线总线或者 inout 类型端口进行定义时，由于存在多个驱动源，因此数据类型需要使用线网类型（如 wire）。不过这一限制也可以用来查找网单中的漏洞。用户可以将所有的信号都声明为 logic 数据类型，而不是 reg 或者 wire，那么如果某个信号存在多个驱动，编译时就会出现错误。

总结来说，logic 数据类型可以在以下赋值语句中使用：

（1）通过任意数目的过程赋值语句赋值，能够替代 Verilog 的 reg 数据类型。

（2）通过单一的连续赋值语句赋值，能够有限制地替代 Verilog 的 wire 数据类型。

（3）连接到一个单一原语的输出，能够有限制地替代 Verilog 的 wire 数据类型。

2. 双状态数据类型

由之前的内容可以知道，Verilog 的数据类型代表了 4 态逻辑值（0，1，Z 和 X），通常用来在底层上对硬件进行建模和验证。SystemVerilog 的 logic 数据类型也是用 4 态逻辑进行表示。然而，这种具有 4 态逻辑值的信号不仅需要耗费额外的存储空间和仿真开销，而且难以实现与标准 C/C++ 代码的兼容，增加了设计和验证的难度。因此，SystemVerilog 引入了几种双状态的数据类型，具体描述如下：

（1）bit。双状态，可以具有任意向量宽度的无符号数据类型，可以用来替代 Verilog 的 reg 数据类型。

（2）byte。双状态，8 位有符号整数。

（3）int。双状态，32 位有符号整数，与 C 语言中的 int 数据类型相似。

（4）shortint。双状态，16 位有符号整数。

（5）longint。双状态，64 位有符号整数，与 C 语言中的 long 数据类型相似。

使用双状态数据类型可以大幅提升仿真器的性能。但是需要注意的是，双状态数据类型的信号是不可综合的。并且，当双状态数据类型的信号连接到被测试对象的接口时，会自动把被测试对象产生的 X 值或者 Z 值转化为双状态值（0 或 1），从而掩盖了 X 值或者 Z 值的传播，使电路异常变得更加难以检测。

（二）SystemVerilog 的自定义类型

1. typedef

不同于 Verilog 只能支持固定的数据类型，SystemVerilog 支持使用 typedef 语句来创建新的数据类型。与 C 语言类似，用户定义的类型可以与其他数据类型一样地使用在声明当中。例如，用户需要声明一个位宽可配置的无符号定点数时，可以采用以下定义方法：

```
parameter INTSIZE = 8;            // 设置定点数位宽
typedef logic[INTSIZE-1:0] uint;  // 定义无符号定点数类型
uint var_1, var_2;                // 声明两个自定义无符号定点数变量
```

2. struct

Verilog 的最大缺陷之一是没有结构体或者联合体，而 SystemVerilog 中引入了与 C 语言类似的 struct 语句用于创建结构。struct 是可综合语句，它可以把一些联系紧密的信号组合到一个用户自定义的数据结构中。如果设计代码中需要对一个复杂的数据类型进行建模，例如片上网络的数据包，就可以将其声明为 struct 结构体，如下所示：

```
struct{  logic [3:0] requester_id;
         logic [3:0] destination_id;
         logic [7:0] header;
         logic [63:0] payload;
      }msg
```

以上声明创建了一个 message 结构体变量。与 C 语言类似，可以使用"."运算符对其内部变量元素进行访问。如果想在多个端口和模块之间共享此结构体的定义，那么可以使用 typedef 语句创建一个新的结构体类型，如下所示：

```
typedef struct{   logic [3:0] requester_id;
                  logic [3:0] destination_id;
                  logic [7:0] header;
                  logic [63:0] payload;
}msg_s;
```

用户可以在声明或者过程赋值语句中把多个值赋给一个结构体，这类赋值需要使用带单引号的大括号（'{xxx,xxx,xxx}）表示，如下所示：

```
msg_s message = '{4'h5, 4'h9, 8'hab, 64'hdead_beef_1234_abcd};
```

结构体可以作为一个整体传递到函数或任务，也可以从函数或任务传递过来，还可以作为模块端口进行传递。

3. parameter

Verilog 提供了可用于重定义模块参数的 parameter 语句，允许在模块实例化时对其内部参数进行重定义。SystemVerilog 扩展了这一功能，使其可以包含类型（包括数据类型和结构体类型）。这个强大的功能使得一个模块中的数据类型在模块的每一个实例中重新定义。以下是一个使用该功能进行模块数据类型重定义的例子：

```
module foo #(
    parameter data_t = logic;
    parameter var_t = shortint;
) (
    input data_t data,
```

```
        input var_t j,
        //......
endmodule
//-----------------------------------------------------
module top;
typedef struct {
    logic [7:0] val;
    logic      par;
} data_if_t;

    foo #(
        .data_t(data_if_t),
        .var_t(int),
//......
    ) foo (
endmodule
```

（三）SystemVerilog 的接口

Verilog 模块之间的连接是通过模块端口进行的，因此我们必须在设计的早期阶段就对所期望的硬件设计有深入的理解，并详细定义每个模块的端口信号。这对于开发人员来说很有难度。而且，一旦模块的端口定义完成后，我们也很难改变端口的配置。这就导致在开发设计的后期往往需要耗费大量时间进行各个模块的接口变更。此外，一个设计中的许多模块往往具有相同的端口定义，但是在 Verilog 中，我们必须在每个模块中进行相同的定义，这为我们增加了无谓的工作量。

SystemVerilog 提供了一个新的、高层抽象的模块连接，这个连接被称为接口（interface）。接口在关键字 interface 和 endinterface 之间定义，它独立于模块。接口在模块中就像一个单一的端口一样使用。在最简单的形式下，一个接口可以认为是一组线网。例如，可以将外设组件互联标准（peripheral component interconnect，PCI）总线的所有信号绑定在一起组成一个接口。通过使用接口，我们在进行一个设计的时候可以不需要首先建立各个模块间的互联。随着设计的深入，各个设计细节也会变得越来越清晰，而接口内的信号也会很容易地表示出来。当接口发生变化时，这些变化也会在使用该接口的所有模块中反映出来，而无须更改每一个模块。

```
//----------------------------------------------------------
interface chip_bus;      // 定义接口
wire read_request, read_grant;
wire [7:0]address, data;
endinterface: chip_bus
//----------------------------------------------------------
module RAM(
chip_bus io,    // 使用接口
input clk
);
//……
endmodule
//----------------------------------------------------------
module CPU(
chip_bus io,
input clk
);
//……
endmodule
//----------------------------------------------------------
module top;
```

```
reg clk = 0;
chip_bus a;                    // 实例化接口
RAM mem(a,clk);                // 将接口连接到模块实例
CPU cpu(a,clk);                // 将接口连接到模块实例
//......
endmodule
```

实际上，SystemVerilog 的接口不仅仅可以表示信号的绑定和互连，还可以包含参数、常量、变量、结构、函数、任务、initial 块、always 块以及连续赋值语句。这些功能大多与系统建模和验证测试相关，在本节中暂不介绍。

（四）SystemVerilog 的过程语句

Verilog 使用 always 过程来表示时序逻辑、组合逻辑和锁存逻辑的 RTL 模型。例如，我们可以使用 always @(*) 定义组合逻辑，或者使用 always @(posedge clk) 定义在时钟上升沿触发的时序电路。在这些过程语句中，综合工具和其他软件工具必须根据过程起始处的事件控制列表以及过程内的语句来推断 always 过程的意图。这种推断会导致仿真结果和综合结果之间的不一致。SystemVerilog 增加了三个新的过程语句来显式地指示逻辑的意图：always_ff 表示时序逻辑的过程；always_comb 表示组合逻辑的过程；always_latch 表示锁存逻辑的过程。以下给出一个使用 always_comb 过程语句描述的组合逻辑。

```
always_comb@(a or b or sel) begin
    if (sel) y = a;
    else y = b;
end
```

需要注意的是，仿真工具能够检查事件控制敏感列表和过程的内容来保证逻辑的功能匹配过程的类型。如果实际综合结果与过程语句的类型不符，则仿真工具将会报错。例如，工具会根据一个 always_comb 过程在敏感列表内的所有外部值，检查分支

是否覆盖了所有可能的条件。如果任何一个条件没有满足，则工具均会报告该过程没有正确建模组合逻辑。

（五）矩阵乘法示例

本章给出一种矩阵乘法器的 SystemVerilog 实现，在阅读代码过程中可与 Verilog 实现对照阅读，体会 SystemVerilog 的编码风格以及它对于 Verilog 代码的可读性的提升。

```
//-------------------- Type Define ----------------------------
parameter MAC_IN_DW = 8;
parameter MAC_PRD_DW = 16;
parameter MAC_SUM_DW = 18;
typedef logic[MAC_IN_DW-1:0]     op_t;
typedef logic[MAC_PRD_DW-1:0]    prod_t;
typedef logic[MAC_SUM_DW-1:0]    sum_t;
typedef struct{op_t a[4]; } op_group_s;
typedef struct{prod_t p[4]; } prod_group_s;
typedef struct{sum_t s[4][4]; } sum_group_s;
//-------------------- PE Module ----------------------------
module PE (
    input   logic       clk_i,
    input   logic       rst_n_i,
    input   op_group_s  op1_grp_i,
    input   op_group_s  op2_grp_i,
    input   logic       en_i,
    output  sum_t       sum_o
);
prod_group_s prods, prods_dff;
```

```verilog
sum_t sum_prod;
genvar gi;
generate
    for(gi=0; gi<4; gi=gi+1) begin : PE_num
        DW02_mult_2_stage inst_DW02_mult_2_stage (
            .CLK        (clk_i),
            .A          (op1_grp_i.a[gi]),
            .B          (op2_grp_i.a[gi]),
            .TC         (1'b1),
            .PRODUCT    (prods.p[gi])
        );
    end
endgenerate
    // sum of product
    always_comb begin
        sum_prod = prods_dff.a[0] + prods_dff.a[1]
                 + prods_dff.a[2] + prods_dff.a[3];
    end
    // DFF of product
    always_ff @(posedge clk_i or negedge rst_n_i) begin
        if(!rst_n_i or !en_i) begin
            sum_o <= {0,0,0,0};
        end else begin
            sum_o <= sum_prod;
        end
    end
```

```
endmodule
//--------------------MMUL Module--------------------------
module MMUL (
    input   logic       clk_i,      // clock
    input   logic       rst_n_i,    // reset
    input   op_group_s  op1_grp_i[4],
    input   op_group_s  op2_grp_i[4],
    input   logic       en_i,
    output  sum_group_s sum_grp_o,
    output  logic       valid_o
);
sum_group_s sums;
logic [1:0] en_dlychain;
genvar gi, gj;
generate
    for(gi=0; gi<4; gi=gi+1) begin : PE_array_h
        for(gj=0; gj<4; gj=gj+1) begin : PE_array_v
            PE inst_PE (
                .clk_i          (clk_i),
                .rst_n_i        (rst_n_i),
                .op1_grp_i      (op1_grp_i.a[gi]),
                .op2_grp_i      (op2_grp_i.a[gj]),
                .en_i           (en_i),
                .mac_prod_o     (sums.s[gi][gj]),
            );
        end
```

```
            end
endgenerate
    // DFF of PE
    always_ff @(posedge clk_i or negedge rst_n_i) begin
        if(!rst_n_i) begin // connect to the reset pin of DFF
            en_dlychain <= {2'h0}};
        end else begin
            en_dlychain <= {en_dlychain[0:0], en_i};
        end
    end
    assign valid_o = en_dlychain[1];
    assign sum_grp_o = sums;
endmodule
```

五、Chisel

Chisel 硬件设计语言是一个基于 Scala 软件编程语言的领域特定语言（domain-specific language，DSL），该语言及相关工具充分利用 Scala 的生态及语言特性，为编写参数化的复杂电路生成器提供了现代化的设计方法，同时，利用 Chisel 标准库，芯片的硬件描述工作也拥有了软件生产环境的便利性。Chisel 由加州大学伯克利分校计算机科学系开发，并在快速发展中。目前开发的版本为 Chisel 3，本章介绍 Chisel 3 的使用。

（一）Scala 基础

Scala 是 Chisel 的基础，运行于 Java 平台，是一个同时支持面向对象和函数式编程的高级程序设计语言，具有静态类型。

与其他语言一样，Scala 拥有 if...else... 语句、while 语句和 for 循环。在 Scala 中，if...else... 语句会将分支中最后执行语句的值作为返回值：

```
val lang = if (returnPositive) x.abs else -x.abs
```

Scala 的 for loop 和 while loop 与其他软件编程语言类似，语法上有些区别。例如 for loop 使用 <- 符号给循环变量赋值：

```
for(i <- 0 to 10 by 2) { print(i) }
for(i <- List(1,3,4)) { print(i) }
```

Scala 的函数返回值为函数中最后执行的语句值，如果函数只有一条语句，则 {} 可以省略，如果函数没有参数，参数列表"( )"也可以省略，函数支持重载：

```
def times2(x: Int): Int = {2 * x} // 定义函数 times2
def times2(x: String): Int = 2 * x.toInt // 重载函数，x 通过 toInt() 函数转为 Int
```

变量的数据类型在变量后使用"："隔开，函数的返回值在参数表之后，并使用"："隔开。

Scala 使用包（package）来模块化代码和管理命名空间，在 Scala 文件开始使用 package 关键字定义、调用其他包的内容时，使用 import 关键词：

```
package toolbox
class mytool{...}
```

调用 toolbox 包中的 mytool 类。

```
import toolbox.mytool
...
```

Scala 中对象为类的实例（instance）包括：变量、常量、字符甚至函数。这些一般被直接称为 instance。

Scala 中也有一些容易混淆的地方，例如，object（常被翻译为对象）关键字描述的是一个特殊的单例 class，而不是一个普通的 instance。Scala 中类可以继承其他类，也可以继承 trait。trait 用于在类之间共享接口和字段，虽然相似，但 trait 并不是类，不能有自己的 instance。

（二）Chisel 基础

Chisel 使用 Scala 语言的 class，通过继承 Chisel 库中的 Module 类生成电路模块，并将电路的描述写在 class 内，定义 io 并使用 Bundle 类包装信号，定义电路的输入输出：

```
class MyModule extends Module{
    val io = IO(new Bundle{
            val data_in = Input(UInt(4.W))
            val data_out = Output(UInt(4.W))
    })
    io.data_out := io.data_in + 1.U
}
```

val 代表 Scala 常量（此常量并非 Chisel 电路中的固定值，而是 Scala 语言中的特性。Scala 中也有变量 var。一个 val 常量不可在 Scala 中被重新赋值。为了保持代码清楚易读且不易出错，通常的实践经验是，所有情况下，尽可能使用 val）。信号从输入到输出的连接使用 := 符号。

此段代码描述的电路中，输入和输出为 4 bit 宽度的 Uint（无符号）数，并将输入加 1 后输出。

Bundle 用于整理和封装信号，并可以嵌套使用。通过嵌套和封装，可以达到方便的信号连接及规划。

（三）运算符和控制

Chisel 中大部分的运算符和 Verilog 相同：

按位操作：与（&）、或（|）、非（~）、异或（^）。

移位：左移（<<）、右移（>>）。

逻辑运算：非（!）、与（&&）、或（||）。

算数运算：加（+）、减（-）、乘（×）、除（/）、取模（%）。

比较：大于（>）、大于等于（>=）、小于（<）、小于等于（<=）。

部分运算符和 Verilog 不同：

位选：单位选（x(n)）、多位选（x（n1,n2））。

相等与不等：相等（===）、不等（=/=）。

Chisel 中也使用函数支持其他运算：

规约运算：规约或（x.orR）、规约与（x.andR）、规约异或（x.xorR）。

重复：（Fill(n,x)），拼接：（Cat(a,b)），三元运算：（Mux(sel,a,b)）。

Chisel 中的组合逻辑可使用运算符进行描述，同时，Chisel 中支持条件控制，包括 when 语句和 switch 语句，其描述如果未覆盖所有条件，Chisel 会报出错误提示，而非直接生成 latch，语法为：

```
when( 条件 1) {
操作 1
}.elsewhen( 条件 2) {
操作 2
}.otherwise {
其他操作
}


switch( 信号 ){
  is( 值 1){
        操作 1
        }
        is( 值 2){
```

```
            操作 2
    }
}
```

Chisel 中也有 Wire 类型信号和 Reg 类型信号，声明方法为：

```
val signal = Wire(Chisel 数据类型)
val register = Reg(Chisel 数据类型)
```

其中寄存器类型数据除了 Reg，还可以是 RegInit（带 reset 值），也可以使用 RegNext 延迟信号一个周期。

运算和控制语句可以向 Wire 类型信号赋值，也可以向 Reg 类型信号赋值。

（四）Vec，Bundle

Chisel 中通过 Bundle 和 Vec 整合信号，Bundle 中可以有各种信号的组合，Vec 中则是多路相同信号，Vec 和 Bundle 可以互相任意嵌套，组合出各种封装良好的信号：

```
class MyType extends Bundle {
val valid  = Bool()
val vector = Vec(4,UInt(8.W))
}
```

（五）Chisel 其他特性

基于 Scala 使得 Chisel 拥有巨大的灵活性和可继承的生态环境。但同时，要利用这些灵活性和生态，则要求工程师必须能够掌握 Scala 的特性，并能阅读他人的代码。除本节描述的基础之外，Scala 还有其他丰富的功能特性，例如高阶函数、案例类、模式匹配、隐式参数、匿名函数等。掌握这些特性也会使工程师对 Chisel 的使用更加成熟。

（六）Chisel 实现 4×4 MAC

如下为前文描述的 4×4MAC 的实现，PE 中，使用了函数 zip 和 map，zip 将两组长度相同的向量并列，组合成为数据对的 List，map 函数的参数为一个匿名函数，此匿名函数将列表的每个数据对中的两个数据相乘并生成新的列表传入 c。c 的数据两两相加得到输出。

MatMul 中，通过两层 for loop 实例化了一个 4×4 的 PE 阵列，并通过 ":=" 符号将具有相同 Chisel 类型的信号连接，并在最后使用寄存器 RegNext 将 io.en 延迟一拍，该寄存器的 reset 值为 0。

```
package matrix
import chisel3._


class PE extends Module{
    val io = IO(new Bundle{
        val a = Input(Vec(4,SInt(8.W)))
        val b = Input(Vec(4,SInt(8.W)))
        val d = Output(SInt())  // 未设置位宽时，Chisel 自动推断位宽
    })
    val c = (io.a zip io.b).map{x=> x._1xx._2}
    io.d := (c(0)+&c(1))+&(c(2)+&c(3))    // 扩展位宽时，加法使用 +&，
}
class MatMul extends Module{
    val io = IO(new Bundle{
        val mat_a = Input(Vec(4,Vec(4,SInt(8.W))))
        val mat_b = Input(Vec(4,Vec(4,SInt(8.W))))
        val en    = Input(Bool())
        val valid = Output(Bool())
        val mat_d = Output(Vec(4,Vec(4,SInt(18.W))))
    })
```

```
    for(y<- 0 until 4) {
        for(x<- 0 until 4) {
            val pe = Module(new PE)
            pe.io.a := io.mat_a(y)
            pe.io.b := io.mat_b.map(_(x))
            io.mat_d(y)(x):= pe.io.d
        }
    }
    io.valid := RegNext(io.en,0.U)
}
```

第四节　芯片功能检查

考核知识点及能力要求：

- 了解芯片代码检查的目的；
- 了解芯片代码检查的范围；
- 掌握芯片代码检查的工具；
- 应用FPGA原型验证的技术。

一、代码检查的目的

代码检查是通过代码检查工具，从词法、语法、语义等多维度对代码编写风格、命名规则和电路综合相关规则等进行扫描分析，发现可能存在的问题，如变量未定义、类型不匹配、变量作用域不符合、数组下标越界、内存泄漏等问题。主要的目的包括避免低级代码错误、统一代码编写习惯和保证最终代码质量等。因此，进行代码检查的优势包括帮助程序开发人员快速定位代码隐藏错误和缺陷，帮助代码设计人员提前发现、分析和解决代码设计缺陷。

其主要的技术包括模式匹配、类型推断、数据流分析等。模式匹配是从代码分析中获取足够多的共性缺陷，然后将待分析代码与共性缺陷模式进行匹配，从而完成代码的检查。类型推断是对代码中运算对象类型进行推理，从而保证代码中每条语句都针对正确的类型执行。数据流通过收集代码中引用到的变量信息，从而分析变量在程序中的赋值、引用以及传递等情况。

在芯片设计过程中，代码检查往往放在 RTL 形成之后，同时也可放在验证的过程中。代码检查能够帮助开发人员快速、有效的定位代码缺陷并及时纠正这些问题，从而极大地提高软件可靠性并节省开发成本。

二、代码检查的范围

代码检查主要是用于检查代码的语法和语义错误的，并且比其他的工具能检查出更多的问题，如命名规格、时序风险、功耗等。代码检查主要解决两个方面的问题：一是编译不通过的问题，主要包含组合逻辑环、latch、黑箱等；二是一些警告类问题，包括位宽不匹配、输入高阻态等。对于第一类问题，必须解决，对于第二类问题，可以选择性解决。

起始于某个组合逻辑单元，经过一串组合逻辑又回到起始组合逻辑单元的逻辑环路，称为组合逻辑环。组合逻辑环产生组合逻辑环路的原因有两个：一个是将组合逻辑电路的输出端又通过组合逻辑反馈到输入端，另一个是将寄存器的输出端通过组合逻辑反馈到同一个寄存器的异步端。

latch 是一种低级别的序列化的内存锁，用于保护 SGA 中的共享内存结构。相关的代码检测主要确保内核代码序列执行并防止因缓存区崩溃导致的物理块的坏块。

三、代码检查工具

常见的商用代码检查工具有：Atrenta 的 Spyglass、Synopsys 的 Leda、Cadence 的 Surelint、Springsoft 的 nLint 和 eritools 的 HDLint 等。其中 Spygalss 是比较全面的一个检查工具，尤其是在管理多时钟域设计、系统地处理 CDC 问题、检查和报告不同步的信号等方面功能强大。

Lint 会检查出所有等号左右位宽不匹配、组合逻辑环、生成 latch、端口连接不对等等问题。

nLint 检测会检查代码的语法语义错误，可实现对代码的时钟、命名规则的检查，确保了程序的健壮性。nLint 检测的过程是首先将整个 file list 读入，然后需要输入顶层文件以构建整个文件的逻辑，最后就是自动化的检查。

CDC 主要是做跨时钟域路径的分析。主要检查是不是所有跨时钟域的信号均经过了同步，如果检查到跨时钟域的信号没有经过多级打拍会报错。

Spygalss 报错常见分为四类：严重错误（fatel）、错误（error）、警告（warning）、消息（info）。其中前两类是一定不能存在的错误。

思考题

1. 人工智能芯片的分类方式有哪些？目前市场上有哪些主流的人工智能芯片？

2. 人工智能芯片有哪些主要架构？人工智能芯片架构的工作原理是什么？

3. 寻找 Github 网站上的"Chisel Bootcamp"练习，运行并练习其中的教程代码。

4. 将 4×4 MAC 模块中的 Chisel 实现的乘法器改为"DW02_mult_2_stage"乘法黑盒子并生成电路。

5. 芯片代码检查的范围和意义是什么？

6. 芯片代码检查用到哪些技术？

第三章
人工智能芯片验证

人工智能芯片验证,即发现设计出的人工智能芯片在一系列芯片活动中存在的问题,以及与预期不符之处。人工智能芯片验证独立于人工智能芯片设计,与人工智能芯片设计相辅相成,共同确保芯片产品符合需求。

- **职业功能:** 人工智能测试验证。
- **工作内容:** 人工智能芯片验证。
- **专业能力要求:** 能运用验证工具,搭建测试验证环境,编写验证脚本,执行测试用例,调试、分析并找出设计中的问题,解读并分析测试覆盖率报告,提升测试覆盖率;能使用面向对象的模块级验证方法完成模块级验证。
- **相关知识要求:** 数字电路结构知识;验证计划的制订;验证脚本编写方法;测试用例的编写知识;仿真和调试方法;收集测试覆盖率,生成和分析覆盖率报告并加以提升;面向对象的模块级验证方法;模块级芯片验证环境的搭建方法;基本验证工具使用方法。

第一节 搭建测试验证环境

考核知识点及能力要求：

- 了解人工智能芯片验证内容和意义；
- 了解验证的基本流程；
- 熟悉人工智能芯片验证平台的组成。

一、人工智能芯片验证概述

芯片验证是指证明一个待验证设计（design under test，DUT）的功能和行为是否正确并符合要求的过程。SoC 验证工作贯穿于整个芯片设计的流程之中，从行为级的硬件描述语言（HDL）设计，到综合网表（netlist）的生成，直到后端的版图设计与硬件实现，都需要足够多的验证工作，从而确保设计的正确性以及流片的成功率。随着设计复杂度的不断提高，验证工作也变得越来越重要。

如图 3-1 所示，在整个芯片设计流程中，验证工作包含以下几个方面：确保 RTL 代码实现与规格说明书一致性的功能验证，确保综合网表与 RTL 代码一致性的等价性检查和时序验证，以及对于最终芯片功能检查的物理验证。

在本教程中，我们只讨论功能验证。

（一）功能验证层次划分

SoC 技术将多个功能模块（intellectual property，IP）集成

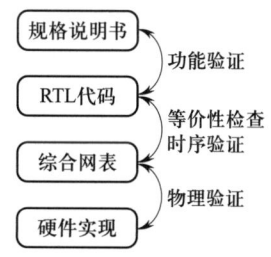

图 3-1 设计流程中的验证

在同一个芯片中。从验证的角度来说，验证工作首先需要保证 IP 库中每一个被用来集成的单独功能模块拥有正确的功能，其次要证明这些 IP 核在集成后，依然能够互相协调合作，正确地完成系统级的行为和功能。因此验证技术必须在两个不同的层次上进行，称为模块级验证和系统级验证。

1. 模块级验证

模块级验证的目的是确保被验证模块的行为与功能在任何输入和状态下均保持正确并符合规格说明书要求。这些状态除了包括正确功能行为的正常状态，还包括在异常输入、错误状态或意外断电等情况下，模块依然能够处理相应的事件，并保持正确的行为和功能。还有一些一般情况下很难发生的边界情况或极端情况（corner case），也可能隐藏着某些设计缺陷，同样是重要的验证点。通过了模块级功能验证的 IP 核可以基本确保模块级功能无错，为系统级验证提供良好的基础。

2. 系统级验证

系统级验证是在多个 IP 模块进行系统集成以后，验证这些模块之间的接口、交互、仲裁，以及协调工作中的行为与功能的正确性。通常，在系统级验证中发现的设计缺陷，并不直接源于某个功能模块的内部，而是多个模块协同工作造成的。

（二）功能验证方法

功能验证方法从验证策略角度可以分为三类：黑盒验证方法、白盒验证方法和灰盒验证方法。

1. 黑盒验证方法

黑盒验证方法是指在验证过程中，将待测设计视为一个黑盒，其内部的信号与状态都是不可观测的，只在输入输出端口进行验证。黑盒验证的依据是设计的规格说明书，验证时根据规格说明书的描述，在待测设计（design under verification，DUV）的输入端口加入适当的激励，检查相应的输出信号是否正确。

2. 白盒验证方法

由于芯片的设计越来越复杂，仅仅通过端口进行验证已经不能够满足验证任务的需求。由此应运而生的便是白盒验证方法。白盒验证是指将待验证设计视为一个透明的盒子，其内部实现、内部信号和状态部分或完全可观测和可控。

3. 灰盒验证方法

灰盒验证方法是一种介于黑盒验证和白盒验证之间的验证方法，是两种方法的折中或结合。在验证过程中，待验证设计的部分行为或状态可观测和可控，方便验证和调试工作，而对其他部分依然进行简单的黑盒功能验证。

灰盒验证方法结合了两种不同方法的特点，既可以进行简单的基于端口的功能验证，也可以对复杂的模块进行内部分析，而不用处理太多的数据，克服了两种方法的缺点，方便了验证工作的进行。

（三）功能验证技术

在不同的功能验证方法中，根据不同方法的特征应用不同的验证技术来实现。黑盒验证方法中最典型技术便是仿真验证（simulation verification）技术，而形式验证技术（formal verification）是白盒验证方法的代表。

1. 仿真验证

仿真是目前 SoC 功能验证中最流行与常用的技术。仿真验证非常直观，通过对待验证设计进行仿真，用波形来描述设计的相应行为，从而判断其功能行为是否正确且符合规格说明书的要求。仿真验证已经发展使用了多年，是黑盒验证方法中最常用的技术，相应的仿真工具也比较成熟，验证人员对于观察仿真波形以及通过仿真波形进行调试也具有较多经验，因此至今仍然被广泛使用。

2. 形式验证

形式验证是典型的白盒验证方法的应用。它通过数学的方法，在覆盖所有可能输入的情况下，逻辑地证明设计的正确性与一致性。形式验证主要包括两种：等效性检查（equivalence checking）和特性检查（property checking）。

等效性检查主要是用来检查在后端实现的过程中，不同层次的描述之间是否一致，确保生成的综合网表能够正确地实现 RTL 代码所描述的功能。

特性检查是功能验证的方法，通过对待测设计进行逻辑分析，用数学的方法，证明在所有的输入条件下，DUV 的行为符合一定的特性。

形式验证的具体内容在本教程中不做详细讨论。

二、验证基本流程

如图 3-2 所示，验证的基本流程可以分为六个步骤。

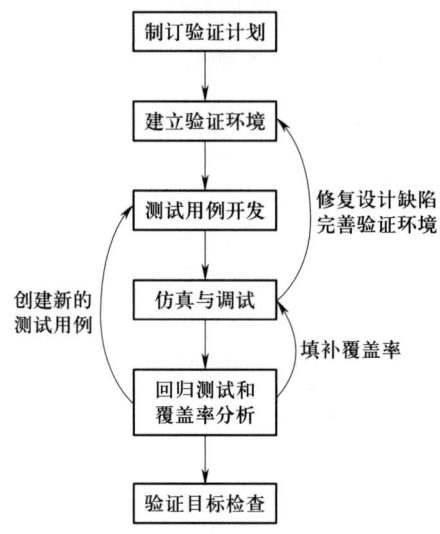

图 3-2　验证的基本流程

（一）制订验证计划

制订验证计划是进行整个验证的第一个步骤。验证计划需包含所需验证的所有功能点。良好而完备的验证计划是确保进行高质量验证的根本。在展开设计之前，设计人员和验证人员都会阅读规格说明书，以理解设计的各项功能并考虑如何验证它。如果功能描述本身不清晰，则需要同设计人员沟通，进而修改功能描述文档；如果设计和验证双方人员对于某一项功能有不同的理解，也需要同设计人员的解释保持统一。

合理的验证计划可以为芯片开发带来很多好处：

（1）使得设计人员和验证人员对于功能描述文档的理解和翻译保持一致。

（2）将自然语言描述的功能通过可测试的语言来描述。

（3）可更合理地评估出工作量、人力安排和进度节点。

（4）为验证人员提供更清晰的验证目标、任务和进度安排。

（5）为功能文档提供反馈，修改文档中不明确、有歧义的描述。

前期制订出一份验证计划,并且随着设计的更新和验证过程的推进而不断修改和跟踪,就可以提高验证质量,降低项目风险,同时对于人力和时间进度的合理估计,也能够使整个验证进度和流程更加透明。

在制订验证计划的具体过程中,会将技术部分和项目部分都考虑进来。从技术角度而言,需要考虑的有验证的功能点、验证的层次、测试用例、验证方法和覆盖率等要求,从项目角度来看,也需要考虑使用的工具、人力安排、进度安排和风险评估等。

(二)建立验证环境

根据已经制订的验证计划,选择恰当的验证方法,从而建立验证环境。验证环境通常包含以下测试组件:激励发生器、监测器、参考模型和比较器等,以及环境运行脚本等相关文件。

验证环境的具体结构将在下一小节具体介绍。

(三)测试用例开发

测试用例(testcase)用来在验证环境中实现不同的功能点的测试。开发测试用例时,应严格依照已经制订的验证计划,针对每个功能点进行详尽的考虑,尽量使测试用例覆盖所有功能点和可能性。

(四)仿真与调试

将测试用例中的激励输入待测设计,仿真器将其运行并产生输出。验证工作就是要查看输出数据是否符合规格说明书的要求。为了判断输出数据是否正确,通常需要在验证环境中搭建与设计功能相同但抽象级较高的参考模型。激励同时送入参考模型和待测设计,比较两者输出是否相同。当发现输出结果不同时,需要以规格说明书为依据,判断错误的来源是参考模型还是待测设计,然后不断修复设计缺陷(bug)和完善验证环境,这就是调试的过程。

(五)回归测试和覆盖率分析

在整个仿真和调试的过程中,需要反复将所有测试用例全部进行仿真,确定修改 bug 时的代码变化不会影响其他部分的功能,这一不断重复的过程称之为回归测试(regression)。

当所有测试用例都通过后,可以通过仿真工具进行覆盖率的收集和分析。

（六）验证目标检查

在验证过程中，需要不断地更新验证的进度，从各项参数综合评估验证的完备性。在不同的验证层次过程中，通过收集以下信息来评估验证计划的实施进程：

（1）回归测试通过率（regressioin pass rate）。

（2）代码覆盖率（code coverage）。

（3）断言覆盖率（assertion coverage）。

（4）功能覆盖率（function coverage）。

（5）缺陷曲线（bug curve）。

无报错的全覆盖率（包括功能覆盖率和代码覆盖率）是验证的最终目标。对于没有覆盖到的功能点和代码行，应进行分析判断其是否需要被真正覆盖。如果属于无效功能域和不可达代码（冗余代码），则将其从覆盖率目标中删除。否则应当增加新的测试用例对其进行覆盖，使验证工作最终达到全通过、全功能和代码覆盖率的验证目标。

三、验证环境的组成

这一小节将对一个典型的仿真验证环境进行介绍。

如图 3-3 所示，规格说明书和由其衍生的验证计划文档是整个验证平台的依据，用于指导验证环境的搭建、仿真调试和覆盖率分析等步骤。

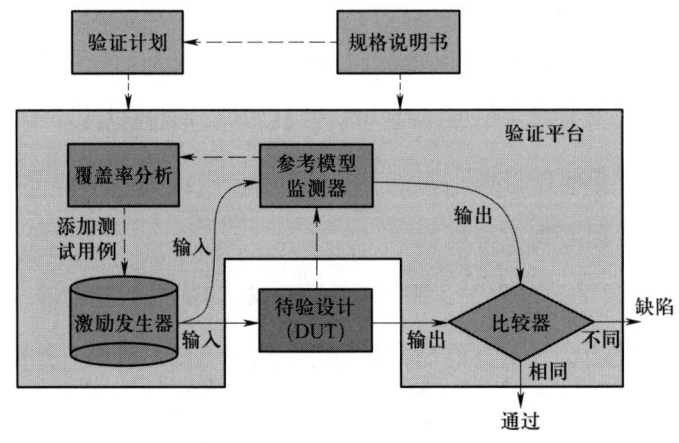

图 3-3　验证环境组成

仿真验证的基本方法是使用激励发生器将测试用例中的激励同时送入待测设计和参考模型进行仿真，通过监测器收集输入输出信息，再送入比较器中判断输出是否一致。

（一）激励发生器（driver）

在目前流行的SystemVerilog验证语言中，通常使用接口模块将设计与验证环境相连接。激励发生器收集到测试用例中产生的激励，通过接口模块，依据接口协议的时序，送入待测设计的输入端口中。

（二）监测器（monitor）

监测器用于监测待测设计的输入、输出端口的信息。它依据接口协议，通过接口模块获取输入接口的激励和输出接口的结果。同时，监测器也可以获得整个验证环境中的各种信息，如参考模型的输入激励和输出结果。这些信息被筛选后送入比较器进行判断。

（三）比较器（checker）

通常，比较器会使用一个计分板（scoreboard）数据结构进行比较。计分板中包含两个队列，分别用于存储待测设计和参考模型的输出结果。比较器将两个队列中的数据依次进行比较，比较相同的数据可以直接丢掉，比较失败则报错。这样的验证环境，实现了自动比对和报错功能。

第二节　测试用例执行

考核知识点及能力要求：

- 了解人工智能芯片测试用例类型；
- 能够执行测试用例。

在芯片验证流程中，完成测试验证环境搭建后，需要根据项目特点进行测试用例的开发。根据验证环境的结构和组件部分，产生设计所需要的各种输入，在此基础上进行设计功能的检查。测试用例是验证计划的实例化，从图 3-2 中可以看出，测试用例的开发及验证在整个验证过程中会不断迭代和完善。

一般来说，为实现验证的完整性与高效性，在构造测试用例时需要遵循以下过程：

（1）根据不同的验证方法和验证环境，确定测试用例的形式。

（2）针对不同的功能点，整合出不同的测试场景。

（3）测试用例覆盖所有的功能点和测试场景。

（4）根据发现的缺陷和覆盖率分析增加新的测试用例。

测试用例应模拟与 DUT 相邻设计的接口协议发出激励信号，使其能够以真实的接口协议来发送激励给 DUT。同时，在不违反协议的前提下，测试用例不必拘束于真实的硬件行为，应该给出尽可能丰富的激励场景，以此来验证更多复杂的场景、边界情况和极端情况。

一、验证方法分类

测试用例的构建与验证方法密切相关。验证方法包括很多种，最常用的是动态仿真（dynamic simulation）、静态检查（formal check）。不同的验证方法所对应的测试用例也会随之变化。

（一）动态仿真

动态仿真是最常见的验证方式，该方式通过测试序列和激励发生器给 DUT 发送适当的激励信号，随着仿真进程的推进，通过查看比较结果和仿真波形，判断输出是否符合预期。根据激励生成方式和检查的方式，动态仿真可以进一步分为定向测试、随机测试和断言检查等。

1. 定向测试（direct test）

定向测试指的是测试用例的激励是确定的，激励序列不会随着提交任务的时间不同而发生改变，也可以针对性去测试一些场景。

定向测试一般应用在模块测试的早期或者在系统级芯片测试场景中，适用于测试设计的基本功能。定向测试也可以应用于随机测试中很难随机到的一些场景，这种测试用例的要求是要易于控制，精准打击，用于完善覆盖率和检测一些边界情况。

2. 随机测试（random test）

一般来说，要实现验证的高覆盖率仅靠定向测试是不够的。以人工智能芯片中常见的矩阵计算模块举例，当两个输入矩阵大小为 $8 \times 8 \times 8$ bit 时，输入组合将达到 $(8 \times 8) \times 2^8 \times (8 \times 8) \times 2^8 = 2^{28}$ 种，而在图像数据处理时，当图像分辨率是 $1\,920 \times 1\,080$ 时，考虑像素点色彩值的变化，在连续两个时钟下，像素点可能发生的状态跳转空间甚至可以达到 10^{31} 量级。显然，定向测试能够达到的覆盖率是远远不够的，随机测试是人工智能芯片验证中不可或缺的部分。

随机测试可以产生更多可能的驱动，确保验证的高覆盖率。随机测试指的是激励序列通过预先定义的约束，每次随机产生合理的数值，通过激励发生器发给 DUT。随机化的对象一般包括：设备配置、环境配置、输入数据、异常和错误以及时延等。

与定向测试相比，随机测试的主要工作是构建测试平台，这也是随机测试的第一步。测试平台的基本结构如图 3-4 所示。在验证过程中，激励发生器负责在受约束的条件下生成测试用例，发送至 DUT。监测器（monitor）用来观察 DUT 的边界或者内部信号，如时钟信号、总线信号等，并且经过打包整理传送给其他验证平台的组件，如比较器（checker）。本结构中，比较器肩负了模拟设计行为（参考模型，reference model）和功能检查的任务。比较器缓存从各个监测器收集到的数据，并将 DUT 输入接口侧的数据汇集给内部的参考模型，通过数据比较的方法，检查从 DUT 输出端口实际收集到的数据是否同参考模型产生的期望数据一致。对于设计内部的关键功能模块，也有相对应的线程进行独立的检查。

随机测试的第二步就是按照验证计划中列举的目标创建激励。搭建好测试平台后，需要根据规格书定义激励发生器的约束条件。该约束是决定随机激励能否符合接口协议的关键，也是朝向验证合理状态空间的关键。因此验证工程师需要仔细规划，划分出有效的测试空间以及合理的随机约束激励。

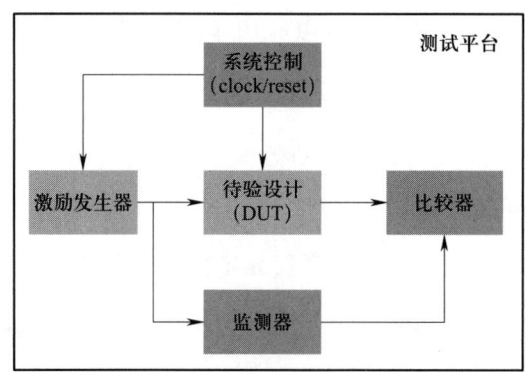

图 3-4 测试平台

在验证初期,应该只发送一些基本的测试数据,因此约束范围应该尽可能窄,在验证中期,由于设计已经基本稳定,所以可以扩大约束范围,从而更加有效地完成测试。在验证后期,有一些状态空间由于需要特定的测试序列,因此收窄约束范围反而有利于测试。验证阶段如图 3-5 所示。

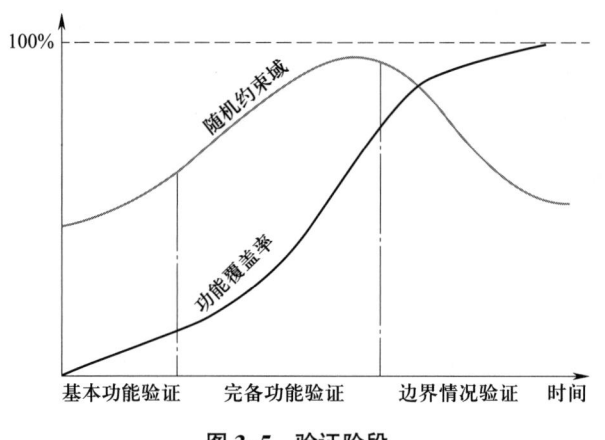

图 3-5 验证阶段

下面是一段以 SystemVerilog 描述的随机测试用例的一部分。

```
class pt_trans extends uvm_sequence_item;
    rand bit [2:0]              instr_mac_mode ;
    rand bit [1:0]              mac_cfg0_fm_type ;
```

```
        rand bit [1:0]              mac_cfg0_wt_type ;
        rand bit [1:0]              mac_precision ;        // 2'b00, 8bit; 2'b01,
16bit; 2'b10, 4bit;
        rand bit [`LM_AW-1:0]       fm_addr ;
        rand bit [`LM_AW-1:0]       wt_addr ;
        rand bit [`LM_AW-1:0]       fm_addr_step ;
        rand bit [3:0]              mbrd_index ;
        rand bit                    mbuf_prev_rd_en ;
        rand bit [1:0]              lmfm0_curr_pad_type ;
        rand bit [1:0]              lmfm1_curr_pad_type ;
        //different mode for mbrd driving
        rand bit [15:0]             cycle_num ;     // cycle number
        rand bit [2:0]              psum_num ;      // 1,2,3,4
        rand bit [2:0]              mbrd_step ;     // 0, 2, 4
        rand bit [3:0]              push_number ;
        bit rsp;

    constraint cstr{
        soft instr_mac_mode      inside {0,2,4,5,6,7} ;
        soft mac_cfg0_fm_type    inside {[0:2]} ;
        soft mac_cfg0_wt_type    inside {[0:2]} ;
        soft psum_num            inside {1,2,3,4} ;
        soft mbrd_step           inside {0,2,4} ;
        soft mac_precision       inside {[0:2]} ;
        soft mac_precision       ==     mac_cfg0_fm_type ;
        soft fm_addr[2:0]        ==     0 ;
```

```
        soft wt_addr[2:0]              ==        0 ;
        soft fm_addr_step              ==        64 ;
    };


    `uvm_object_utils_begin(pt_trans)
        `uvm_field_int(instr_mac_mode,         UVM_ALL_ON)
        `uvm_field_int(mac_cfg0_fm_type,       UVM_ALL_ON)
        `uvm_field_int(mac_cfg0_wt_type,       UVM_ALL_ON)
        `uvm_field_int(mac_precision,          UVM_ALL_ON)
        `uvm_field_int(fm_addr,                UVM_ALL_ON)
        `uvm_field_int(fm_addr_step,           UVM_ALL_ON)
        `uvm_field_int(wt_addr,                UVM_ALL_ON)
        `uvm_field_int(mbrd_index,             UVM_ALL_ON)
        `uvm_field_int(mbuf_prev_rd_en,        UVM_ALL_ON)
        `uvm_field_int(lmfm0_curr_pad_type,    UVM_ALL_ON)
        `uvm_field_int(lmfm1_curr_pad_type,    UVM_ALL_ON)
        `uvm_field_int(cycle_num,              UVM_ALL_ON)
        `uvm_field_int(psum_num,               UVM_ALL_ON)
        `uvm_field_int(mbrd_step,              UVM_ALL_ON)
        `uvm_field_int(push_number,            UVM_ALL_ON)
`uvm_object_utils_end

    function new (string name = "pt_trans");
        super.new(name);
    endfunction
endclass
```

随机化是用 rand、randc（周期性随机）关键词在类中声明随机变量。SV 预定义了随机函数 std::randomize（）。声明为 rand 的变量，后期通过对象调用 randomize（）函数，可以实现随机化。约束 constraint 也同随机变量一起在类中声明。

3. 断言检查（assertion check）

断言检查是针对某一特定的逻辑或时序进行预设，一旦设计的实际行为不符合断言的描述，则给出检查报告。断言本身不限定于某一种语言或者工具，可以在验证平台中使用断言，也可以插入到设计中使用断言，这得益于断言在设计中为非综合模块。由于断言的位置更贴近于不同功能点的源码位置，使得检查相应功能点时，如发生错误能更快、更清晰地定位出错误源。多种商业断言 IP 可供植入到验证环境，例如针对标准工业总线，商业验证 IP 可以协助验证设计是否按照总线协议实施。

（二）静态检查

与动态仿真相对应的就是静态检查。它本身不需要仿真、波形激励，但仍然属于验证中不可或缺的部分。根据关注领域的不同，静态检查基本可分为语法检查（syntax check）、语义检查（linting check）、跨时钟域检查（cross-clock domain check，CDC）和形式验证（formal verification）等方面。

通常来说，语法检查可以通过仿真编译器进行，编译时会报出如拼写、声明、引用、例化、连接、定义等常见语法错误。

语义检查通常包括常见的设计错误、影响覆盖率收敛的问题以及可能产生 X 值以及受其影响的设计部分。例如无法达到的逻辑部分、无法跳转到的状态机状态等。Spyglass 是语义检查的常用工具。

跨时钟域检查是针对大多数复杂设计都拥有不止一个时钟，而多时钟之间常会表现为异步的特点而进行，检查跨时钟域的逻辑通信，可以在早期的 RTL 阶段识别出是否有合适的同步处理。Spyglass 是跨时钟域检查的常用工具。

形式验证包括等效性检查和特性检查。等效性检查即检查不同抽象级的电路是否一致。特性检查指的是用验证语言描述设计行为，用断言结合静态工具进行空间穷举，证明设计行为与属性描述一致。人们通过数学方式来穷举所有的验证状态空间，彻底验证设计，目前常用的工具是 Jasper Gold 等。

二、验证考核标准

搭建了测试验证的环境,根据验证计划开始构建各类定向测试、随机测试等测试用例后,可以开始对 DUT 的验证。在验证过程中,我们需要不断更新验证进度,从各项参数综合评估验证的完备性。我们通过收集以下信息来评估验证计划的实施进程:

(一)回归测试通过率(regression pass rate)

回归测试是将测试设计所有功能点的测试用例合并为一个测试集合,不断进行仿真,并最终取得全部通过的过程。回归测试的主要功能就是用来在设计经过缺陷修复或者性能提高后测试原有的所有功能点,确保设计仍然可以正常工作。这样不仅可以确保新的设计变化不会影响之前的功能,也可以避免修改后的设计对于别的模块造成功能失效。

(1)在定向测试中,回归测试通过表明所有被测功能点能够正常工作。

(2)在随机测试中,由于每次仿真使用不同的种子(seed)从而产生不同的激励,更多的回归测试可以测试到更多的随机激励对应的场景,对于边界场景的测试有着重要的意义。

(二)功能覆盖率(function coverage)

功能覆盖率是为了衡量设计的各项功能是否都实现了,并且按照预想的行为执行,重点关注设计的输入、输出和内部状态。

对于输入,它会检查数据端的输入和命令组合类型,以及控制信号与数据传输的组合情况。对于输出,它会检测是否有完整的数据传输类别和各种情况下的反馈时序。对于设计内部,需要检查的信号会跟验证计划中需要覆盖的功能点相对应,检查功能是否被触发以及执行是否正确。

功能描述文档详细说明了设计应该如何运行,而验证计划则列出了哪些功能点应该被验证和记录。待验证功能点的覆盖即为功能覆盖率。

基于随机激励的测试用例,不同的 seed 对于功能点的覆盖贡献不同。

（三）代码覆盖率（code coverage）

代码覆盖率是用来衡量 RTL 代码是否被充分运行的指标。目前的仿真器都支持收集代码覆盖率，并且进行合并和分析。常见的代码覆盖率包括以下几项：

（1）语句覆盖率（statement coverage）。

（2）条件覆盖率（condition coverage）。

（3）决策覆盖率（branch coverage）。

（4）跳转覆盖率（toggle coverage）。

（5）状态机覆盖率（FSM coverage）。

仿真器可以将上述覆盖率的情况反馈给验证人员。图 3-6 所示为仿真器收集的某人工智能加速芯片的覆盖率情况。

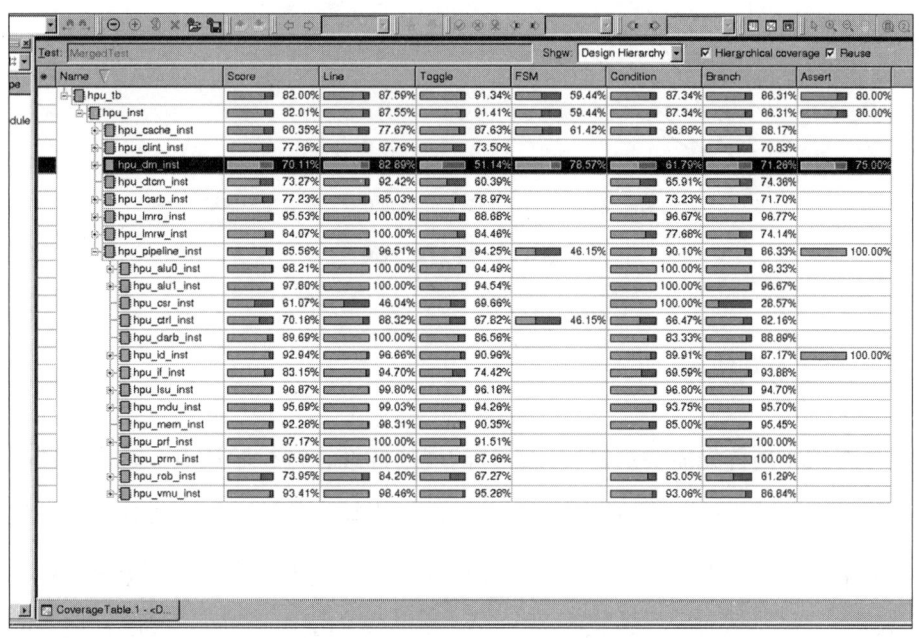

图 3-6　人工智能加速芯片覆盖率

（四）断言覆盖率（assertion coverage）

断言描述也支持覆盖率收集，一般通过仿真或硬件加速的方式收集，或者通过形式验证的工具来收集。仿真器会记录断言的先决条件是否被触发，并判断语句成功或失败。

(五)缺陷曲线(bug curve)

在验证过程中会不断发现新的设计缺陷,可以使用缺陷记录表记录下来。设计人员在分析缺陷、修复缺陷后,交回给验证人员重新测试。验证人员递交原有的回归测试,在必要时添加新的测试用例,直到所有的测试通过,才能宣布该缺陷是修复成功的。

根据时间坐标和特定时段的缺陷数量可以绘制出缺陷率曲线,如图3-7所示。一般来说,越早将缺陷收敛,缺陷带来的损失也就越小。

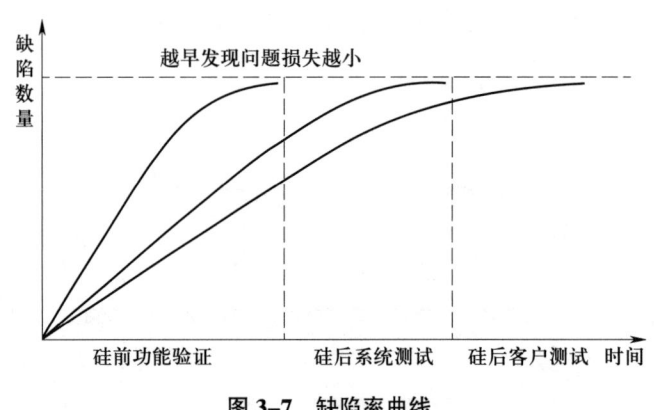

图3-7 缺陷率曲线

三、测试用例执行

编写测试用例首先需要通过阅读设计的规格标准,进行验证点提取。验证的后续所有动作基本都是围绕验证点来展开的。验证点实际就是把一个有机整体的功能分解成一系列单个的功能点,起到化整为零、化繁为简的作用,从而方便构建测试用例对其进行验证。分解的粒度没有一定之规,但有几个大原则要把握:①完备性,即不能遗漏任何功能点,特别是异常处理、边界处理、容错处理这些往往容易被忽视;②低耦合,不同测试点之间的相关性越低越好,这也直接决定了分解粒度,并影响testcase的开发难度;③无歧义,测试点的描述要直接而明确,不同验证点之间不存在矛盾之处。验证点明确以后,便可以针对性地设计测试激励与相应的功能覆盖点,并明确覆盖手段。

以本书前面章节中提到的 4×4 的矩阵乘法模块为例，本节从验证的角度对其进行分解。本设计所对应的验证点分解情况及测试用例的执行见表 3-1。

表 3-1　　　　　　　　　验证点分解情况及测试用例执行

序号	测试分类	测试区域	功能点	验证流程	验证点	测试用例类别
1	Clock	时钟频率	输入时钟信号的默认频率	1. 初始化 IP，运行一会儿 2. 检查时钟默认频率	用断言检查时钟默认频率	断言检查
2	Reset	复位功能	确认复位功能的有效性	1. 初始化 IP，释放 reset 2. 运行矩阵计算，检查模块输出被释放 3. Toggle 输入的 reset 信号，检查输出被 reset	输出数据端口及 Valid 信号	定向测试
3	矩阵乘	基本计算	单个数据；en 信号使能	1. 初始化 IP 2. 在输入端同时发送 4 个 8 bit 数据 3. 观察结果及 Valid	计算结果正确 Valid 有效 输出结果比输入延时 2 cycle	定向测试
4	矩阵乘	基本计算	单个数据；en 信号不使能	1. 初始化 IP 2. 在输入端同时发送 4 个 8 bit 数据 3. 观察结果及 Valid	计算结果正确 Valid 始终为低，输出结果均为零	定向测试
5	矩阵乘	随机矩阵乘	连续数据计算	1. 输入数据随机，连续输入的个数受约束随机 2. en 信号是否生效受约束随机	输出为连续数据，且计算正确 Valid 有效 首个输出结果比输入延时 2 cycle	随机测试
6	矩阵乘	边界值测试	A 为最大值，B 为最小值	1. 初始化 IP 2. 为 A 端口输入数据配置为 8'h7F，B 端口输入均为 8'h80，观察计算结果	计算结果为 18'h30200 Valid 有效 输出结果比输入延时 2 cycle	定向测试
7	矩阵乘	边界值测试	A 为最小值，B 为最大值	1. 初始化 IP 2. 为 B 端口输入数据配置为 8'h7F，A 端口输入均为 8'h80，观察计算结果	计算结果为 18'h30200 Valid 有效 输出结果比输入延时 2 cycle	定向测试

续表

序号	测试分类	测试区域	功能点	验证流程	验证点	测试用例类别
8	矩阵乘	边界值测试	A 为最大值，B 为最大值	1. 初始化 IP 2. 为 A 端口和 B 端口的输入数据均配置为 8'h7F	计算结果为 18'hFC04 Valid 有效 输出结果比输入延时 2 cycle	定向测试
9	矩阵乘	边界值测试	A 为最小值，B 为最小值	1. 初始化 IP 2. 为 A 端口和 B 端口的输入数据均配置为 8'h80	计算结果为 18'h10000 Valid 有效 输出结果比输入延时 2 cycle	定向测试

编写测试用例时要注意提前规划好全局用例风格，达到易扩展和易复用，不要一味求快，否则后期改动时不仅会增加很多时间，而且很容易产生错误。

因此，在编写测试用例时，应把一些可能会变化的值定义成宏，如总线位宽等，这样很容易通过修改宏就实现全局替换。另外，将一些可能常用的功能块或配置流程封装起来，方便使用，代码也更简洁。

第三节　模块级芯片验证环境

考核知识点及能力要求：

- 能够搭建模块级芯片验证环境；
- 能够在环境中执行用例。

本节将基于第二章中所介绍的"典型的矩阵乘法模块"的设计,介绍一个完整的模块级芯片验证环境的搭建方法和运行方式。

这一节将使用动态仿真的验证方法,运用 SystemVerilog 语言,结合定向测试与随机测试,搭建测试平台和完整的验证环境,创建测试用例,运行仿真,检查结果,并收集覆盖率。

一、SystemVerilog 验证

在本节的验证范例中,将使用最常见的验证方式——动态仿真。

(一)验证语言

动态仿真需要在测试平台(testbench)上进行,由测试平台向待测设计发射激励,并收集输出结果。目前搭建测试平台普遍使用的是 SystemVerilog 语言。

在本节中,使用的仿真工具是新思科技(Synopsys)公司的 VCS,版本 O-2018.09-SP2_Full64。

(二)验证方法

根据激励的生成方式,动态仿真可以被进一步分为定向测试和随机测试。

1. 定向测试

定向测试指的是激励内容在仿真之前预先确定,测试用例给出固定的激励序列,用来测试某一项功能点。在定向测试中,由于测试序列已知,便可根据芯片功能推算出正确的输出序列,再将其与仿真得到的实际 DUT 输出作对比,来判断当前测试用例所测试的功能是否正确。

定向测试的优点是简单直接,可以用来在验证初期测试设计的基本功能,或者后期测试一些场景明确的 corner case;但它的缺陷是一个测试用例仅能测试到某一种输入场景,对于复杂的多输入场景,想覆盖到更多的可能性变得烦琐而困难。

以"矩阵乘法模块"为例,一个简单的定向测试可以通过一个 initial 语句实现。

```
// file name: testbench.sv
    `timescale 1ns/1ns
...
initial begin
    clk <= 1;
    forever begin
        #5 clk <= !clk; // clock period is 100MHz
    end
end
    initial begin
        #50 mac_a = 128'h01010101010101010101010101010101;
            mac_b = 128'h01010101010101010101010101010101;
            en    = 1'b1;
        #10 en    = 0'b0;
    end
```

以"`"开始的第一条指令是编译器指令,将模块中的所有时延的单位设置为一个 ns,时间精度为 1 ns。#1 表示时延 1 ns。以时钟周期为 10 ns 为例(100 MHz),以上 initial 语句,在第 5 个时钟周期给 DUT 的输入端口 mac_a 和 mac_b 赋指定值 128'h01010101010101010101010101010101,同时给 en 赋值 1,一个周期后给 en 赋值 0。

这样的一个定向测试序列,用于检查当输入为某个固定数时,DUT 的输出结果是否正确。

2. 随机测试

与定向测试序列相对应的是随机序列。随机序列通过激励产生器(generator,即 driver 的激励产生部分)产生,根据预先定义的约束,每次随机产生合理的数值,发送到 DUT 的输入端口进行仿真。在这种情况下,一个随机测试用例通过多次仿真,每次使用不同的种子（用来标识当前随机状态），便可以覆盖到多种输入场景。

约束是用来决定随机激励是否能符合接口协议的关键，定义不同的约束可以使仿真有目标的覆盖到验证计划中的各个功能点。验证的目标是要覆盖所有预先定义的功能和场景，因此根据已有的仿真，调整约束来覆盖更多场景，可以做到全覆盖的验证，这便是基于覆盖率驱动的随机验证。

（三）随机测试实例

以第二章芯片设计部分介绍的"矩阵乘法模块"的Verilog代码作为DUT，本小节将介绍一个完整的验证过程，包括验证环境的搭建、创建测试用例、编译与仿真调试、覆盖率收集四部分。

DUT的基本功能介绍和验证计划的制订，请参考之前的章节。

1. SystemVerilog相关基本语法介绍

（1）面向对象的验证环境。

SystemVerilog语言严格的遵守面向对象编程（OOP）的规则，在构建验证环境时提供了很多方便。

在验证环境中，design属于硬件世界，通常使用module来定义，而验证环境属于软件世界，各个组件被定义为类（class）来使用。两边相连接的部分就是接口interface。

关于面向对象语言的基本结构和语法在这里不做详细介绍。

（2）信箱（mailbox）。

SystemVerilog提供了多种线程间通信的方式。在本章节的验证范例中，使用了mailbox在不同线程中传递数据包。

从硬件角度理解，可以把信箱看作一个具有源端和收端的FIFO，源端把数据放入信箱，收端则从信箱中获取数据。

信箱是一种对象，必须调用new函数来进行例化，例化时可以指定size，也可以不指定size，如果size没有指定，则信箱为无限大。

mailbox的常见任务put和get，用来实现放入和移除数据。如果信箱为满，则put（）会阻塞，如果信箱为空，则get（）会阻塞。

（3）线程控制 fork join。

fork…join 语句中的线程以并发方式执行。

如图 3-8 所示，有三种不同的创建线程方法。

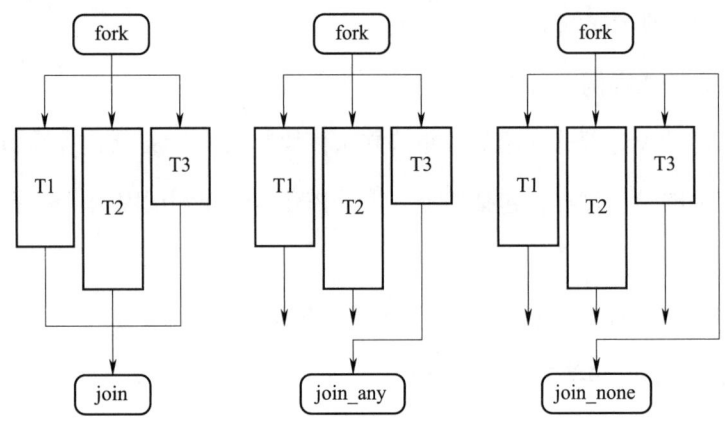

图 3-8　创建线程方法

1）fork…join 语句中，所有并行线程必须全部完成后，才能执行后面的语句。

2）fork…join_any 语句中，最短的线程执行完毕后，即可以执行后面的语句。

3）fork…join_none 语句并不等待其中线程执行，启动后立即执行后面的语句。

2. testbench 搭建

（1）testbench 的基本结构。

一个基于覆盖率驱动的随机激励的测试平台如图 3-9 所示。虚线表示的是数据流的流动方向。

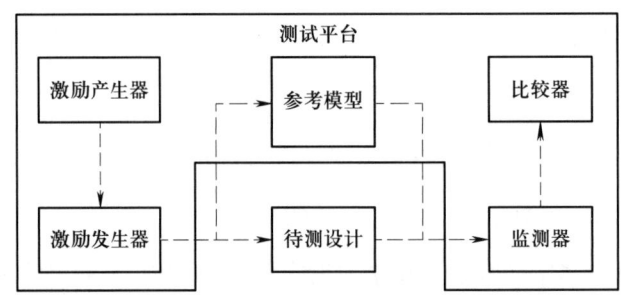

图 3-9　测试平台

1)测试平台。测试平台为整个验证环境的框架,负责连接设计和验证环境。目前在 SV 中常见的方式是通过接口模块进行连接。

2)激励产生器。因为验证策略选择了使用随机激励测试,因此需要一个能产生随机测试序列的激励产生器。激励产生器负责在预定义的约束下生成符合接口协议的随机数据。

3)激励发生器。激励发生器通过接口与 DUT 相连接,将从激励产生器中获得的随机测试序列送入 DUT 的输入接口中。

4)监测器。监测器同样通过接口与 DUT 相连接,但监测器仅用于监测 DUT 的输入输出信号,或者某些需要的内部信号。监测器仅作为观察者,用于获得数据和传输数据,不会对 DUT 的行为发生影响。

5)参考模型。因为在随机激励测试中,输入 DUT 的测试序列是随机的,所以无法预知 DUT 的输出结果,对其进行正确与否的判断。在这种情况下,需要在验证平台中使用验证语言创建一个与 DUT 功能相同,但抽象级别可以相对较高的参考模型。参考模型与 DUT 获得相同的输入,生成相应的期待输出,将结果送给监测器进行下一步处理。简单的参考模型可以直接在监测器中实现。

6)比较器。监测器获得了验证环境中的所有必要信息,发给比较器。同时,参考模型将预期结果也发给比较器,比较器将其与监测到的,DUT 生成的实际仿真结果加以比较,将比较结果写入仿真器报告中。比较器也可以在监测器中直接实现。

(2)各部分的具体实现。下面是结合以上的验证计划、验证架构分析,做出的实际代码实现。

1)param_def.svi。MAC_IN_DW 和 MAC_OUT_DW 为预定义的参数,标识接口宽度。

```
// file name: param_def.svi
'define MAC_IN_DW         8
'define MAC_OUT_DW        18
```

2)testbench.sv。测试平台中包括接口定义、DUT 的实例化、时钟和复位信号的赋值、测试用例的定义和调用。

```systemverilog
// file name: testbench.sv
`timescale 1ns/1ps
`include "param_def.svi"


// mmul interface definition
interface mmul_intf(input clk, input rst_n);
    logic [16*`MAC_IN_DW-1 :0]      mac_a;
    logic [16*`MAC_IN_DW-1 :0]      mac_b;
    logic                           en;
    logic [16*`MAC_OUT_DW-1:0]      mac_prod;
    logic                           valid;
endinterface


module testbench;
    logic clk;
    logic rst_n;
    mmul_intf mmul_if(.*);    // interface instance
    // dut instance
    MMUL #(
        .MAC_IN_DW       (`MAC_IN_DW),
        .MAC_OUT_DW      (`MAC_OUT_DW)
    ) dut (
        .clk_i           (clk),
        .rst_n_i         (rst_n),
        .mac_a_i         (mmul_if.mac_a),
        .mac_b_i         (mmul_if.mac_b),
```

```
        .en_i              (mmul_if.en),
        .mac_prod_o        (mmul_if.mac_prod),
        .valid_o           (mmul_if.valid)
);

// clock generation
initial begin
    clk <= 0;
    forever begin
        #5 clk <= !clk; // 100MHz
    end
end
// reset trigger
initial begin
    rst_n <= 1'b1;
    repeat(5) @(posedge clk);
    rst_n <= 1'b0;
    repeat(30) @(posedge clk);
    rst_n <= 1'b1;
end


import mmul_pkg::*;


// testcases instances
mmul_simple_test    t1;
mmul_random_test    t2;
```

```
    mmul_boundary_test t3;

mmul_base_test tests[string];
string name;
initial begin
    name = "";
    if($value$plusargs("TEST=%s", name)) begin // get testcase name
        $display("=== TEST is %s ===", name);
        if (name == "mmul_simple_test") begin
            t1 = new(name);
            tests["mmul_simple_test"] = t1;
        end
        if (name == "mmul_random_test") begin
            t2 = new(name);
            tests["mmul_random_test"] = t2;
        end
        if (name == "mmul_boundary_test") begin
            t3 = new(name);
            tests["mmul_boundary_test"] = t3;
        end
        if(tests.exists(name)) begin
            tests[name].set_interface(mmul_if); // connect interface
            tests[name].run();                  // testcase start to run
        end else begin
            $fatal($sformatf("[ERRTEST], test name %s is invalid, please specify a valid name!", name));
```

```
                    end
                end
            end
endmodule
```

3）data.sv。在 SystemVerilog 中，被随机的是一个带有随机变量和约束的类。该类的实例被产生后作为一个数据包送给激励发生器。因此，在这里将需要生成的测试序列定义为一个数据类。这里有一个 pipeline_en 信号，是用来标识当前数据包的下一个数据包是不是被流水发送的。在 driver 中可以看到它是如何被使用的。

```
// file name: data.sv
class mmul_data;
    rand bit [16*`MAC_IN_DW-1 :0] mac_a;
    rand bit [16*`MAC_IN_DW-1 :0] mac_b;
    bit      [16*`MAC_OUT_DW-1:0] prod;
    rand bit pipeline_en; // to decide whether next data in a pipeline
endclass: mmul_data
```

4）driver.sv。在 driver 中，同时执行两个线程 do_reset（）和 do_driver（）。

do_reset（）中使用了 forever 语法，会持续等待处理 reset 发生时的赋值。

do_driver（）中，有两个同步运行的线程：一个负责驱动数据包，一个负责等待计算完成发回 response。由于该乘法器支持流水功能，这两个线程并行执行，互不影响。

信箱 data_mb 的 get（）是一个阻塞函数，会持续等待从 generator 获得数据包，然后根据预定义的接口行为，将数据驱动到相应的输入接口上。然后根据数据包中 pipeline_en 信息，来实现流水功能的验证。如果 pipeline_en 为 1，表示下一个数据包将在下一周期立即发出，即实现流水功能，mmul_if.en 不需要被置为 0。如果 pipeline_en 为 0，则需要将 mmul_if.en 下一周期置为 0。在这里 do_driver（）并不关心有多少个数据包,只是在反复执行等待数据包和发出数据的行为。

等待结果的线程等到 Valid 信号为 1 后,认为此次计算完成,向 generator 返回 response,然后继续等待下一个计算结果。该线程也不关心具体的数据包个数,仅在反复等待和发送 response。

这样实现的好处是,driver 部分是完全独立的,与收到的数据包个数、是否流水等没有关系。当然也可以通过其他描述实现,只要能正确表现接口行为即可。

```systemverilog
// file name: driver.sv
class mmul_driver;
    local virtual mmul_intf mmul_if;
    mailbox #(mmul_data) data_mb; // get data from generator
    mailbox #(bit)       rsp_mb;  // send rsp to generator

    function new();
        this.rsp_mb = new();        // mailbox instance
    endfunction

    function void set_interface(virtual mmul_intf mmul_if);
        if(mmul_if == null)
            $error("MMUL Driver: interface handle is NULL!");
        else
            this.mmul_if = mmul_if;
    endfunction

    task run();
        fork
            this.do_reset();
```

```
                this.do_drive();
            join_any;
    endtask;


    task do_reset();
        forever begin
            @(negedge mmul_if.rst_n);
            mmul_if.mac_a <= 0;
            mmul_if.mac_b <= 0;
            mmul_if.en    <= 0;
        end
    endtask


    task do_drive();
        mmul_data d;
        repeat(50) @(posedge mmul_if.clk);
        fork
            forever begin
                @(posedge mmul_if.clk);              // wait for a clock posedge
                this.data_mb.get(d);                 // get data from generator via mailbox
                mmul_if.en    <= 1'b1;
                mmul_if.mac_a <= d.mac_a;
                mmul_if.mac_b <= d.mac_b;
                if (d.pipeline_en==0) begin          // if next data is not a pipeline, put en_i to 0
                    @(posedge mmul_if.clk);
```

```
                            mmul_if.en      <= 1'b0;
                            repeat(5) @(posedge mmul_if.clk);
                        end
                    end
                    forever begin
                        @(posedge mmul_if.clk iff (mmul_if.valid === 1'b1));
                        this.rsp_mb.put(1'b1);            // when valid is 1, send response to generator
                    end
                join
            endtask

        endclass: mmul_driver
```

5) monitor.sv。为了代码简单易理解,这里把参考模型、比较器都放在了监测器 monitor 中。

在监测器中主要实现了两个同步线程:监测和检查。

do_mon( )用来监视信息,主要功能是在发现 enable 信号有效时,获取两个输入 mac_a 和 mac_b 的值,在发现 Valid 信号有效时,获取输出 mac_prod 的值。这些信息都通过 mailbox 送入第二个线程 do_check( )。

do_check( )实现的是比较器的功能,它通过 mailbox din_mb 获取输入信息,送入参考模型 mmul_ref( )函数进行计算,得到期望的正确结果,并将它和通过 mailbox dout_mb 中得到的 DUT 输出结果进行比较,判断比较是否通过,并将相关信息打印出来。

参考模型在 mmul_ref( )函数中实现,根据设计手册中的功能描述来编写。通常,参考模型的编写应该尽量独立,避免与设计代码的思路完全相同。

监测器在这里也是一个独立部分,仅在做反复的读取和比较功能,与数据的多少和类型无关。

```systemverilog
// file name: monitor.sv
class mmul_monitor;
    local virtual mmul_intf mmul_if;
    mailbox #(mmul_data) din_mb;
    mailbox #(mmul_data) dout_mb;

    function new();
        this.din_mb  = new();
        this.dout_mb = new();
    endfunction

    function void set_interface(virtual mmul_intf mmul_if);
        if(mmul_if == null)
            $error("MMUL Monitor: interface handle is NULL!");
        else
            this.mmul_if = mmul_if;
    endfunction

    task run();
        fork
            this.do_mon();
            this.do_check();
        join
    endtask

    task do_mon();
```

```
        mmul_data din, dout;
    fork
        // when en=1, monitor input data
        forever begin
            din = new();
            @(posedge mmul_if.clk iff (mmul_if.en === 1'b1));
            din.mac_a = mmul_if.mac_a;
            din.mac_b = mmul_if.mac_b;
            din_mb.put(din);  // send DUT stimuli information
        end
        // when valid=1, monitor output data
        forever begin
            dout = new();
            @(posedge mmul_if.clk iff (mmul_if.valid === 1'b1));
            dout.prod  = mmul_if.mac_prod;
            dout_mb.put(dout);  // send DUT result
        end
    join
endtask


task do_check();
    mmul_data din, dout;
    logic [16*`MAC_OUT_DW-1:0] result;
    string s;
    forever begin
        // get stimuli
```

```
                din_mb.get(din);
                // calculate the expected result with stimuli
                result = mmul_ref(din.mac_a, din.mac_b);
                // get the DUT output
                dout_mb.get(dout);


                // checker: compare expected result and DUT output
                if (result == dout.prod) begin
                    $display("===== [COMPARE PASS] =====");
                end else begin
                    $display("##########################");
                    $display("##### [COMPARE FAIL] #####");
                    $display("##########################");
                end
                // diaplay monitor data and ref result
                s = "\n-------------------------------------------------------------\n";
                s = {s, "DATA INFORMATION\n"};
                s = {s, $sformatf("din.mac_a:  %32x \n", din.mac_a)};
                s = {s, $sformatf("din.mac_b:  %32x \n", din.mac_b)};
                s = {s, $sformatf("dout.prod:  %72x \n", dout.prod)};
                s = {s, $sformatf("ref_result: %72x \n", result)};
                s = {s, "-------------------------------------------------------------\n"};
                $display(s);
            end
    endtask
```

```
// mmul reference model
function bit [16*`MAC_OUT_DW-1:0] mmul_ref(bit [16*`MAC_IN_DW-1:0] in1, bit [16*`MAC_IN_DW-1:0] in2);
    bit [4*`MAC_IN_DW-1:0]  a[3:0];
    bit [4*`MAC_IN_DW-1:0]  b[3:0];
    bit [16*`MAC_OUT_DW-1:0] c;
    for (int i=0; i<4; i++) begin
        a[i] = in1[(i+1)*4*`MAC_IN_DW-1-:4*`MAC_IN_DW];
        b[i] = in2[(i+1)*4*`MAC_IN_DW-1-:4*`MAC_IN_DW];
    end
    for (int m=0; m<4; m++) begin
        for (int n=0; n<4; n++) begin
            c += pe(a[m], b[n])<<(m*4+n)*18;
        end
    end
    return c;
endfunction

// pe calculation
function bit [`MAC_OUT_DW-1:0] pe(bit [4*`MAC_IN_DW-1:0] x, bit [4*`MAC_IN_DW-1:0] y);
    bit [`MAC_IN_DW-1:0]  a0, a1, a2, a3, b0, b1, b2, b3;
    bit [`MAC_OUT_DW-3:0] c0, c1, c2, c3;
    bit [`MAC_OUT_DW-1:0] c;
    {a0, a1, a2, a3} = x;
    {b0, b1, b2, b3} = y;
```

```
            c0 = $signed(a0)*$signed(b0);
            c1 = $signed(a1)*$signed(b1);
            c2 = $signed(a2)*$signed(b2);
            c3 = $signed(a3)*$signed(b3);
            c = c0 + c1 + c2 + c3;
            return c;
        endfunction

endclass: mmul_monitor
```

6) agent.sv。在当前的例子中，agent 部分没有实际含义，仅作为一组 monitor 和 driver 的封装组件。这么做的原因是，在复杂的设计中，根据不同的接口功能，driver 和 monitor 可能有很多组，以支持不同的接口协议（如读写总线、中断处理、寄存器访问等），每一组 driver 和 monitor 会被封装在一个 agent 中，可以被重复实例化。多个不同的 agent 会被实例化在一个更大的叫作 env 的组件中。这是一个常用的验证环境的架构。

在这里，省略了 env 部分，agent 部分中也仅做了 driver 和 monitor 的实例化和启动（调用 run（）任务）。在实际验证任务中，可以根据自己的需要进行调整。

```
// file name: agent.sv
class mmul_agent;
    mmul_driver driver;
    mmul_monitor monitor;
    local virtual mmul_intf vif;

    function new();
        this.driver = new();
        this.monitor = new();
```

```
        endfunction

        function void set_interface(virtual mmul_intf vif);
            this.vif = vif;
            driver.set_interface(vif);
            monitor.set_interface(vif);
        endfunction

        task run();
            fork
                driver.run();
                monitor.run();
            join
        endtask

endclass: mmul_agent
```

7）generator.sv。前面已经介绍了如何 drive 和 monitor 数据，而这里的 generator 将实现如何随机生成所需的数据包。

在 generator 中，可以随机生成一个整型数 numbers，它用来表示要发送的数据包的个数。另外两个需要随机生成的 ina 和 inb，均被定义为了动态数组。相应的 pipeline_en 也是一个动态数组。

约束的描述在 constraint cstr{} 代码段中，里面约束了 numbers 的值为 5，另外三个动态数组的宽度被约束为 numbers。在这里的 soft 表示这是一个软约束，可以被上一层的其他约束覆盖。

在 start（）任务中，依据约束随机出的 numbers 个数被赋值给 numbers 个 mmul_data 数据包，并依次通过 put（）函数送入 mailbox data_mb（）中。信箱 data_mb 与

driver 中的信箱 data_mb 相连接,实现了从 generator 把数据送到 driver 的过程。最后一个数据包的 pipeline_en 被赋值为 0。

发出所有数据包后,等待收到 numbers 个 response,generator 的任务才完成。

```systemverilog
// file name: generator.sv
class mmul_generator;
    rand bit [16*`MAC_IN_DW-1:0] ina[];
    rand bit [16*`MAC_IN_DW-1:0] inb[];
    rand bit                     pipeline_en[];
    rand int                     numbers;
    mailbox #(mmul_data) data_mb;
    mailbox #(bit)       rsp_mb;

    constraint cstr{
        soft numbers  == 5;
        soft ina.size == numbers;
        soft inb.size == numbers;
        soft pipeline_en.size == numbers;
    }

    function new();
        this.data_mb = new();
    endfunction

    task start();
        mmul_data d;
        bit rsp;
```

```
            $display("=== numbers is %0d ===", numbers); // debug info
            for (int i=0; i<numbers; i++) begin
                d = new();
                d.mac_a = ina[i];
                d.mac_b = inb[i];
                if (i==numbers-1) begin // last pipeline_en is 0 to make en to 0
                    d.pipeline_en = 0;
                end else begin
                    d.pipeline_en = pipeline_en[i];
                end
                this.data_mb.put(d);
            end
            // get all response to finish
            for (int i=0; i<numbers; i++) begin
                this.rsp_mb.get(rsp);
            end
            # 50;
        endtask

endclass: mmul_generator
```

8）test.sv。test 是验证环境中最高的层次。通常的方法是先写一个 base_test，来实现基本功能，然后其他不同功能的 test 会在 base_test 这个基类上进行 extend，从而实现功能各异的多个实际测试用例。

base_test 用来实现 generator、agent 的实例化，以及下层 mailbox 的连接。在 run（）任务中，启动 generator 和 agent（agent 进一步启动内部的 driver 和 monitor）。用来启动 generator 的 task do_gen（）是随机序列生成的关键。在 base_test 中它被定义为一个

virtual 函数，内容为空。而它的实际定义在各个 test 子类中实现。

在子类的 do_gen（）中，有一个 randomize 函数的调用，它就是实现 generator 随机生成数据的关键。函数后面的 with 表示的是在随机过程中所需要遵循的约束条件。

根据之前制订的验证计划，这里定义了三个测试用例：mmul_simple_test、mmul_random_test、mmul_boundary_test。分别用来覆盖不同的情况。

mmul_simple_test 仅生成一个数据包，输入数据的每个 byte 都是 8'h01。这个例子可以用来做调试运行环境的初期测试用例。

mmul_random_test 随机生成 6 ~ 10 个数据包，输入数据不受约束。这个例子通过反复随机仿真，可以覆盖到很多不同的值，数据包的个数的约束也可以增大。

由于不可能覆盖所有输入的值，因此需要特别注意到边界情况。mmul_boundary_test 生成 5 个数据包，每个输入数据在最大值和最小值之中随机选择，即每个 byte 都是 8'h80 或者 8'h7f，这样覆盖到了最大值和最小值的极限情况。

每个数据包中，pipeline_en 的值没有被约束，随机生成 0 或者 1。

不同的例子通过名称来识别，在 testbench 中进行调用。

这样的三个例子经过多次随机仿真，即可覆盖到我们想要验证的所有情况。

```
// file name: test.sv
class mmul_base_test;
    mmul_generator gen;
    mmul_agent     agt;
    protected string name;


    function new(string name = "mmul_base_test");
        this.name = name;
        this.gen  = new();
        this.agt  = new();
        this.agt.driver.data_mb = this.gen.data_mb; // connect data mailbox in driver and
```

```
generator
        this.gen.rsp_mb = this.agt.driver.rsp_mb;     // connect rsp mailbox in driver and
generator
        endfunction

        virtual task run();
            fork
                this.do_gen();
                this.agt.run();
            join_any // wait till do_gen() finish
            $finish();
        endtask

        virtual task do_gen();
        endtask

        virtual function void set_interface(virtual mmul_intf vif);
            this.agt.set_interface(vif);
        endfunction

    endclass: mmul_base_test

    class mmul_simple_test extends mmul_base_test;
        function new(string name = "mmul_simple_test");
            super.new(name);
        endfunction
```

```
    task do_gen();
        assert(gen.randomize()                     with          {foreach(ina[i])
ina[i]==128'h01010101010101010101010101010101;
                                        foreach(inb[i])
inb[i]==128'h01010101010101010101010101010101;
                                            numbers==1;})
            else $fatal("[RNDFAIL] generator randomization failure!");
        gen.start();
    endtask
  endclass: mmul_simple_test


  class mmul_random_test extends mmul_base_test;
    function new(string name = "mmul_random_test");
        super.new(name);
    endfunction


    task do_gen();
        assert(gen.randomize() with {numbers inside {[6:10]};})
            else $fatal("[RNDFAIL] generator randomization failure!");
        gen.start();
    endtask
  endclass: mmul_random_test


  class mmul_boundary_test extends mmul_base_test;
    function new(string name = "mmul_boundary_test");
        super.new(name);
```

```
        endfunction

        task do_gen();
            assert(gen.randomize() with {foreach(ina[i]) ina[i] inside
{128'h80808080808080808080808080808080, 128'h7f7f7f7f7f7f7f7f7f7f7f7f7f7f7f7f};
                                        foreach(inb[i]) inb[i] inside
{128'h80808080808080808080808080808080, 128'h7f7f7f7f7f7f7f7f7f7f7f7f7f7f7f7f};
                                        numbers==5;})
                else $fatal("[RNDFAIL] generator randomization failure!");
            gen.start();
        endtask
    endclass: mmul_boundary_test
```

9）mmul_pkg.sv。所有文件被封装在一个 package 中，在 testbench 中被导入（import）。

```
// file name: mmul_pkg.sv
package mmul_pkg;
`include "param_def.svi"
`include "data.sv"
`include "generator.sv"
`include "driver.sv"
`include "monitor.sv"
`include "agent.sv"
`include "test.sv"
endpackage
```

（3）验证环境架构图。以上代码所构成的验证环境，可以用框图来清楚表示，如图 3-10 所示。

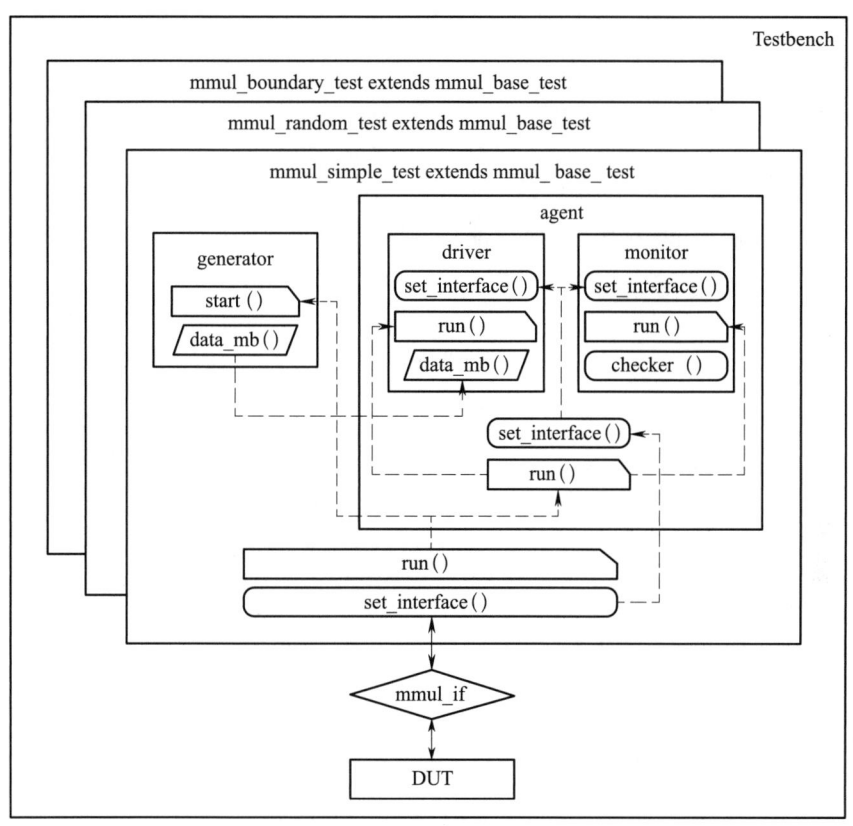

图 3-10 验证环境架构图

可以看到在 testbench 中定义的 interface 实例化后，通过各个层次的 set_interface( ) 函数进行层层传递，从而实现在 driver 和 monitor 中可以使用 interface 发出激励和观测结果的功能。

（4）编译命令。建立 makefile，通过以下命令编译和运行仿真。

```
# file name: makefile


mmul:

vlogan -full64 -ntb_opts -debug_all -debug_access+all -sverilog \

+v2k -kdb +lint=TFIPC-L -override_timescale=1ns/1ns \

-cm line+branch+cond+tgl+fsm+assert \
```

```
    +incdir+${PRJ_HOME}/dv \
    -f ${PRJ_HOME}/flist/mmul.flist \
    -l compile_mmul.log; \
    vcs -o mmul.simv -ntb_opts -debug_region+cell+encrypt +memcbk +vcs+dumparrays -full64
-LDFLAGS -Wl,--no-as-needed \
    -debug_acc+all+dmptf        -debug_access+all    -top    testbench    +lint=TFIPC-L
+vcs+initreg+random +vcs+loopreport +vpi \
    -cm line+branch+cond+tgl \
    -l elaborate_mmul.log


run:
    mmul.simv +vcs+initreg+0 +TEST=${TEST} +ntb_random_seed=${SEED} -l run.log -cm
line+branch+cond+tgl -cm_dir mmul.simv.vdb -gui
```

编译和仿真：

```
编译：make mmul
仿真：make run TEST=mmul_simple_test SEED=0
```

TEST 后面标识 testcase 名称，SEED 用来标识当前的随机情况，不同的 SEED 将随机出不同的值，相同的 SEED 可以保持相同的随机值，方便 debug。

（5）仿真结果。

1）波形。mmul_random_test 共生成了 8 个数据包，如图 3-11 所示。

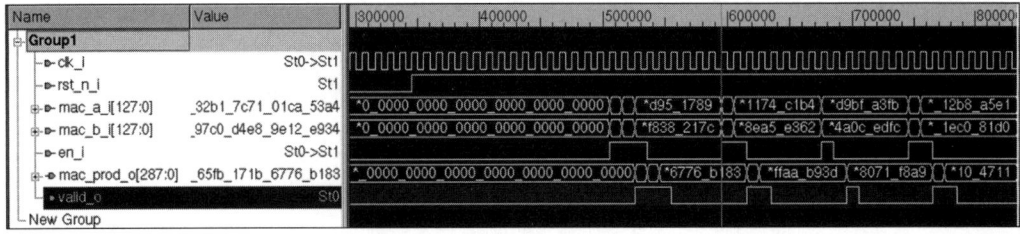

图 3-11　波形

2）输出。

```
// file name: run.log
...
===== [COMPARE PASS] =====
--------------------------------------------------------
DATA INFORMATION
din.mac_a: 4335af326f7add09ffd6d59fbc935c75
din.mac_b: 788980397587b36344797fea05dcc71d
dout.prod:
4e99d31457f979118e43b4d07139140cf9d384bd5fad1b7b8e04797fb622604b780606c5
ref_result:
4e99d31457f979118e43b4d07139140cf9d384bd5fad1b7b8e04797fb622604b780606c5
--------------------------------------------------------
...
```

（6）覆盖率收集。在编译和仿真命令中，选项"–cm line+branch+cond+tgl"启动了 line、branch、condition、toggle 代码覆盖率的收集。

每次仿真会生成一组覆盖率数据，将多次仿真的覆盖率数据合并（merge）在一起，用来进行覆盖率的分析。

```
merge 覆盖率的命令：
urg -dbname mergecov.vdb -report mergecov_report -dir */hpu.simv.vdb
使用 dve 查看覆盖率：
dve –cov –dir mergecov.vdb
```

将 10 次 mmul_random_test 和 mmul_boundary_test、mmul_simple_test 的覆盖率 merge 在一起后，覆盖率如图 3-12 所示。

Name	Line	Branch	Toggle	Condition	Score
testbench	95.45%	87.65%	94.28%	90.89%	92.07%
dut	100.00%	88.61%	94.09%	90.89%	93.40%
PE_array_h[0].PE_array_v[0].inst_PE	100.00%	88.57%	94.48%	91.67%	93.68%
PE_array_h[0].PE_array_v[1].inst_PE	100.00%	88.57%	97.08%	91.67%	94.33%
PE_array_h[0].PE_array_v[2].inst_PE	100.00%	88.57%	96.29%	91.67%	94.13%
PE_array_h[0].PE_array_v[3].inst_PE	100.00%	88.57%	97.63%	91.67%	94.47%
PE_array_h[1].PE_array_v[0].inst_PE	100.00%	88.57%	96.14%	91.67%	94.09%
PE_array_h[1].PE_array_v[1].inst_PE	100.00%	88.57%	97.16%	91.67%	94.35%
PE_array_h[1].PE_array_v[2].inst_PE	100.00%	88.57%	96.37%	89.58%	93.63%
PE_array_h[1].PE_array_v[3].inst_PE	100.00%	88.57%	97.08%	89.58%	93.81%
PE_array_h[2].PE_array_v[0].inst_PE	100.00%	88.57%	95.03%	87.50%	92.78%
PE_array_h[2].PE_array_v[1].inst_PE	100.00%	88.57%	96.53%	91.67%	94.19%
PE_array_h[2].PE_array_v[2].inst_PE	100.00%	88.57%	96.21%	91.67%	94.11%
PE_array_h[2].PE_array_v[3].inst_PE	100.00%	88.57%	95.82%	91.67%	94.01%
PE_array_h[3].PE_array_v[0].inst_PE	100.00%	88.57%	95.90%	91.67%	94.03%
PE_array_h[3].PE_array_v[1].inst_PE	100.00%	88.57%	97.24%	91.67%	94.37%
PE_array_h[3].PE_array_v[2].inst_PE	100.00%	88.57%	96.92%	89.58%	93.77%
PE_array_h[3].PE_array_v[3].inst_PE	100.00%	88.57%	96.69%	89.58%	93.71%
mmul_if			98.08%		98.08%

图 3–12　覆盖率

在 DVE 工具中，可以看到哪些部分仍未覆盖，可以通过增加测试用例的方式覆盖需要覆盖的部分，或者采用软件自带的过滤功能（exclude）移除不必关心的逻辑代码，生成后缀为 .el 的 Exclude 操作文件。

功能覆盖率需要检查验证计划中的所有功能点是否已经被完全验证。

SystemVerilog 中还提供了覆盖率分组（coverage group）的语法，来实现功能覆盖率的定义和收集。这里不做详细介绍。

二、UVM 验证方法学

上一小节以 SystemVerilog 语言为例，介绍了完整的“矩阵乘法模块”的验证环境和过程，包含了基于覆盖率驱动的随机验证中所有关键部分的实现。

目前最为流行的 UVM（universal verification methodology）验证方法学是一个以 SystemVerilog 类库为主体的验证平台开发框架，验证工程师可以利用其可重用组件构建具有标准化层次结构和接口的功能验证环境。其基本验证原理和结构与上一节的例子类似，整体框架已经被预先定义好供验证工程师直接使用，而类库中预定义了丰富的组件和功能可以根据不同的需求进行使用和扩展。

第四节 基本验证工具使用

考核知识点及能力要求:

- 能够掌握常见基本验证工具的使用方法。

本节将介绍几种常见基本验证工具的使用方法,包括硅前验证(pre-silicon verification)的功能验证中常见仿真器的使用方法,硅后验证(post-silicon validation,指芯片流片后对具体芯片进行测试验证)中示波器、调试器的基本介绍。

一、仿真器

在本章的功能验证介绍中,使用的是最常见的验证方式——动态仿真。这里使用的仿真工具是 Synopsys 公司的 VCS,版本 O-2018.09-SP2_Full64。

VCS 的全称是 Verilog Compile Simulator,编译型 Verilog 模拟器,是 Synopsys 公司强有力的电路仿真工具。当今,业界常选择 Synopsys VCS 工具作为功能验证解决方案。

VCS 支持所有流行设计和验证语言,包括 Verilog、VHDL、SystemVerilog、OpenVera™、SystemC™、VMM、OVM 和 UVM™ 等方法学,可提供高性能仿真引擎、约束条件解算器引擎、Native Testbench(NTB)支持、验证规划、覆盖率分析和收敛以及完整的调试环境。其出色的内存管理能力足以支持千万门级的 ASIC 设计,其模拟精度也完全满足深亚微米 ASIC Sign-Off 的要求。VCS 结合了节拍式算法和事件驱动算法,具有高性能、大规模和高精度的特点,适用于从行为级、RTL 到 Sign-Off 等各个阶段,可帮助用户交付优质的设计。

(一) VCS 的工作方式

VCS 首先将输入的源文件进行编译,生成可执行的 .simv 模拟文件,然后运行这个可执行的文件以进行调试与分析。

(二) 编译

在上一节模块级验证环境的介绍中,使用的编译命令如下:

> **vlogan** -full64 -ntb_opts -debug_all -debug_access+all -sverilog +v2k -kdb +lint=TFIPC-L -override_timescale=1ns/1ns -cm line+branch+cond+tgl+fsm+assert +incdir+${PRJ_HOME}/dv -f ${PRJ_HOME}/flist/mmul.flist -l compile_mmul.log;
>
> **vcs** -o mmul.simv -ntb_opts -debug_region+cell+encrypt +memcbk +vcs+dumparrays -full64 -LDFLAGS -Wl,--no-as-needed -debug_acc+all+dmptf -debug_access+all -top testbench +lint=TFIPC-L +vcs+initreg+random +vcs+loopreport +vpi -cm line+branch+cond+tgl -l elaborate_mmul.log

vlogan 和 vcs 两个命令表示编译的两个步骤,即分析和细化。vlogan 命令用于对 Verilog 文件的分析过程(VHDL 文件使用 vhdlan 命令),vcs 命令则用来执行细化编译步骤。

表 3-2 对命令中所带参数的含义做简单介绍。更多编译参数可以参考 VCS 用户手册。

表 3-2 命令中所带参数的含义

参数	含义
–full64	支持 64 位模式下的编译和仿真
–ntb_opts	使能 native testbench 支持
–debug_all	用于产生 debug 所需的文件
–sverilog	启用分析 SystemVerilog 源代码
+v2k	使 VCS 兼容 Verilog–2001 以前的标准
–kdb	使能 knowledge database 支持,用于支持 Verdi 的使用
+lint=TFIPC–L	编译时进行语法检查,可报出更多端口详细信息
–override_timescale=1ns/1ns	为不包含 timescale 编译器指令的源文件指定 unit 和 precision,并在包含时间表的源文件之前指定时间表

续表

–cm line+branch+cond+tgl+fsm+assert	使能多种覆盖率收集
+incdir+dir	指定 VCS 搜索包含文件的目录
–f filename	指定包含源文件列表的文件
–l filename	指定记录 VCS 编译和运行信息的 log 文件名
–o	指定编译生成的可执行文件的名称，默认是 simv
–top	testbench 名字

经过分析（analysis）和细化（elaboration）两个步骤，可以生成 simv 可执行文件，用于仿真。

（三）仿真

在上一节中，使用的仿真命令如下：

```
mmul.simv +TEST=${TEST} +ntb_random_seed=${SEED} -l run.log -cm line+branch+cond+tgl -cm_dir mmul.simv.vdb -gui
```

直接启动可执行的 simv 文件开始仿真。仿真分为批处理模式（batch mode）和交互模式（interactive mode）两种。默认的仿真模式为批处理模式，在这种模式下可以用最小的 debug 性能换取更好的仿真性能来运行回归。当仿真发现问题时，在仿真命令中加入 –gui 选项，用于启动调试模式，则可以在 VCS 软件界面中观察设计中关键信号的波形进行调试。

表 3–3 列出了其他一些仿真选项。

表 3–3　　　　　　　　　　其他一些仿真选项

+TEST=testname	运行指定的 testcase
+ntb_random_seed=seed	在随机测试中指定随机测试的 seed
+vcs+initreg+0	初始化寄存器为 0
–cm_dir	指定生成覆盖率文件的路径

一个交互模式的仿真界面如图 3–13 所示：从中可以看出，基本界面包含待验设计的层次结构窗口、数据成员窗口、源代码窗口、log 文件显示窗口、命令行窗口。在图 3–13 中的 log 文件中，可以看到"COMPARE PASS"，表示这是一次功能正确的仿真。

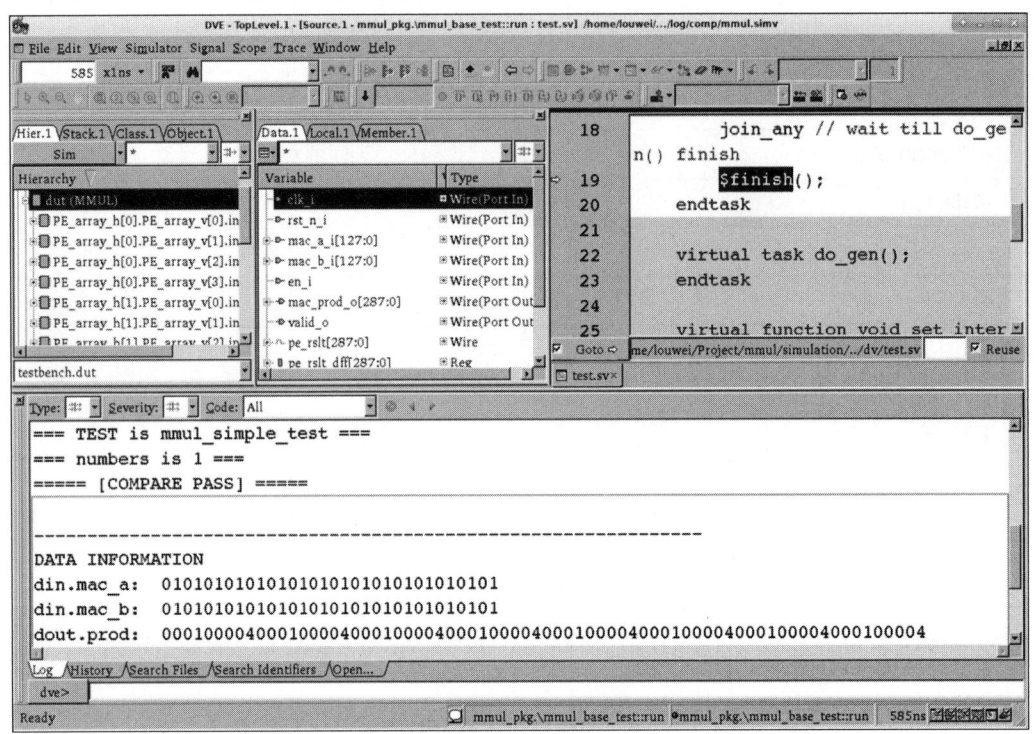

图 3-13　仿真界面

（四）调试

当仿真发现问题时，可以通过观察信号波形进行调试。

如图 3-14 所示，在设计层次和数据成员窗口中，选择所需观察波形的信号，将其加入波形窗口中，然后再进行仿真，便可观察信号值在整个仿真过程中的变化。或者在仿真之前，在命令行窗口执行 dump 命令，记录所需层次的信号值，在仿真之后便可调出进行观察。

dump –add {testbench} –depth 0 表示记录 testbench 层次下的所有信号。

图 3-15 所示为一个波形窗口，从中可以看到所选信号在仿真的全部时间内的信号值的变化。在调试时，通过观察待测设计的实际输出值，对比预期输出值，来确定设计是否做出了符合规格说明书的正确行为。

在波形窗口中，可以看到放大、缩小、追踪下一个上升沿、追踪下一个下降沿等各种功能按钮。

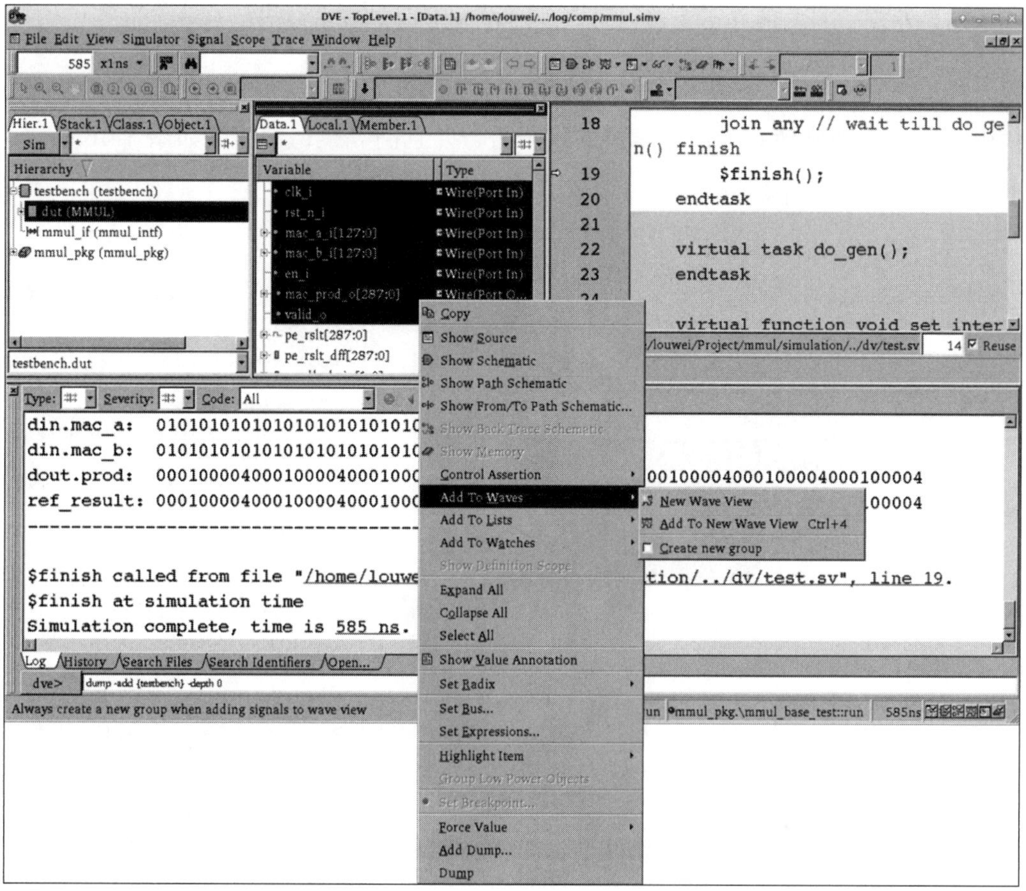

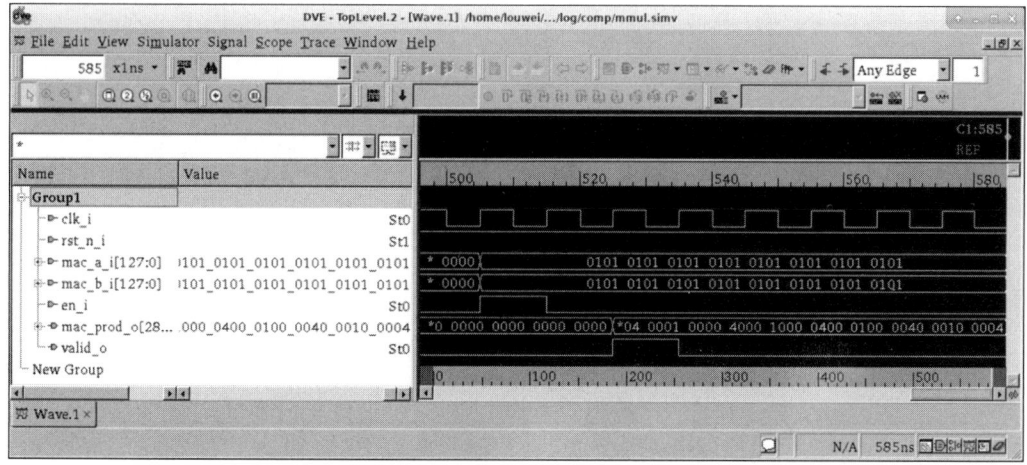

图 3-14 添加波形

图 3-15 波形窗口

如果发现输出的值并不正确，可以通过在波形窗口双击波形的名称，进行该信号的追踪，这是一种常见的调试方法。例如，在波形窗口中双击 mac_prod_o 信号后，源代码窗口会自动跳转到该信号赋值的代码行，并且高亮赋值信号，如图 3-16 所示。通过对代码的分析和波形的对照，从代码中找到问题所在。

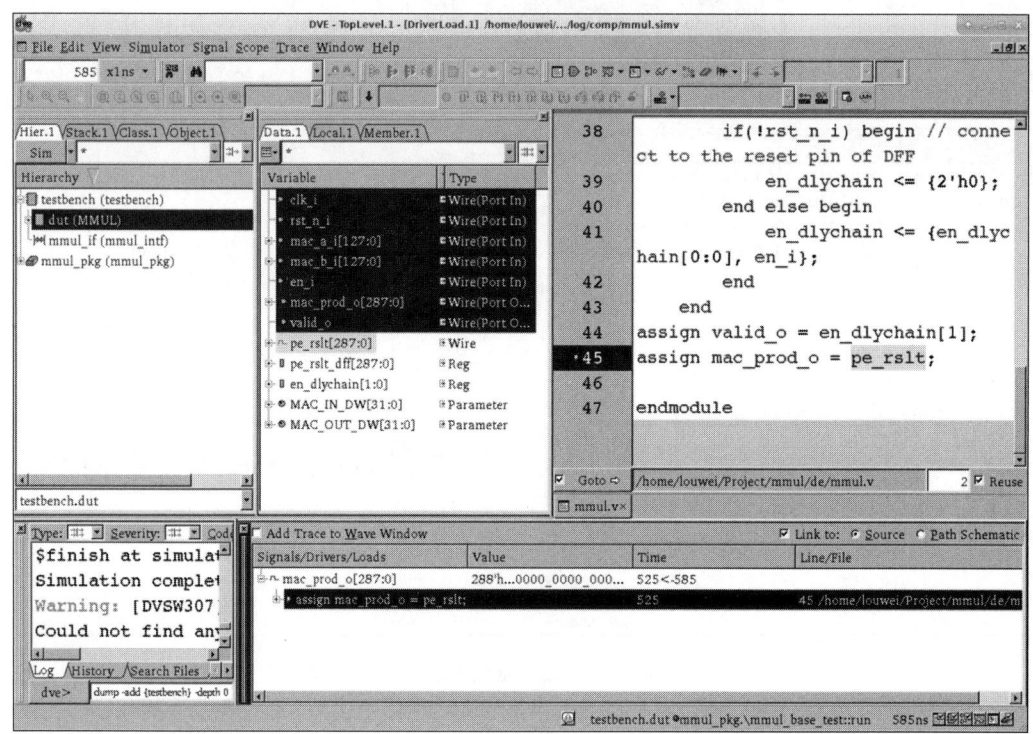

图 3-16　信号追踪

（五）覆盖率

1. 配置

在前面的例子中，编译和仿真过程中均设置了与覆盖率相关的选项，用来使能和配置代码覆盖率功能。

```
-cm line+branch+cond+tgl+fsm+assert
```

该选项表示将在仿真中使能以下几种代码覆盖率的收集：

line——行覆盖率。

branch——分支覆盖率。

cond——条件覆盖率。

tgl——翻转覆盖率。

fsm——状态机覆盖率。

assert——断言覆盖率。

2. 合并

通常不同的测试用例会覆盖不同的功能，因此最终在进行覆盖率分析时需要将不同的测试用例生成的覆盖率文件合并，得到总体覆盖率数据。

```
urg -dbname mergecov.vdb -dir log/comp/mmul.simv.vdb log/*/mmul.simv.vdb
```

–dbname 表示生成的合并后的覆盖率文件名称；–dir 表示将要合并的所有单个覆盖率文件路径及名称。

需要注意的是，在合并时，第一个 vdb 文件是从编译文件夹中得到的，后面的文件则是列举了所有不同的测试用例生成的覆盖率文件。将所有覆盖率文件合并在一起，生成总体覆盖率文件。

3. 查看覆盖率

使用以下命令可以在 dve 中查看代码覆盖率（如图 3-17 所示）：

```
dve -cov -dir mergecov.vdb &
```

双击覆盖率条状图，可以进一步看到所有覆盖率细节。如图 3-18 所示，第 55 行的分支覆盖率为 50%，原因是第一条分支未被覆盖，第二条分支被覆盖了。

在这个界面中，可以找到所有代码的所有种类的覆盖率的执行情况，从而进一步分析不同的覆盖率漏洞是如何发生的，应当采用什么方法填充和提高。有些覆盖率漏洞需要更多地随机测试进行覆盖，有些覆盖率漏洞是缺失相应的测试用例，还有一种情况是碰到了冗余代码，无法覆盖。

4. 进行 exclude 工作

对于冗余代码造成的覆盖率漏洞，需要通过分析，确认其不可能或者不需要覆盖，然后进行人工排除（exclude）。

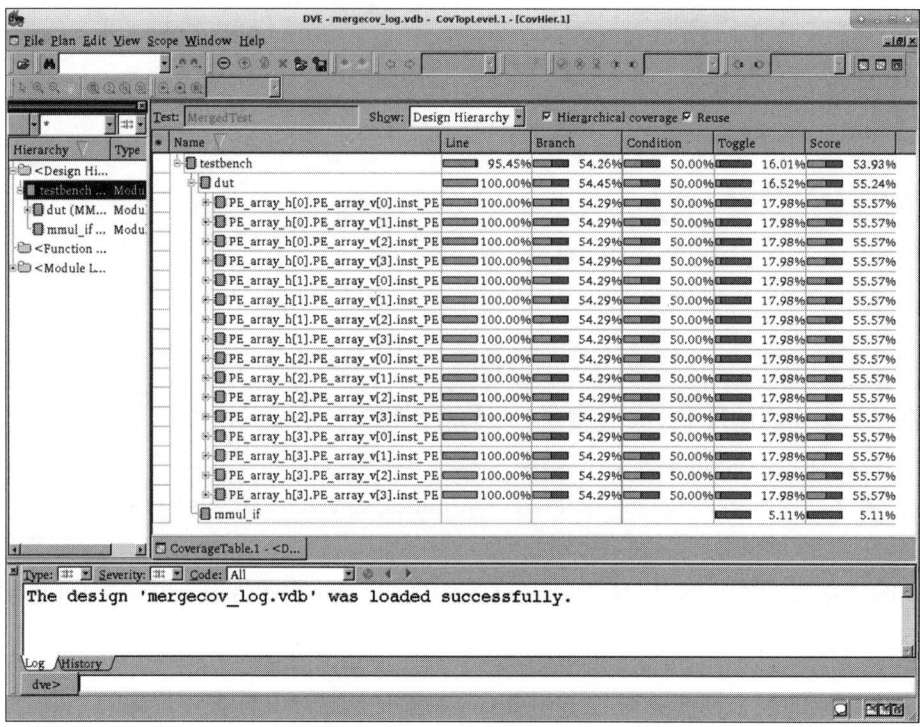

图 3-17 代码覆盖率

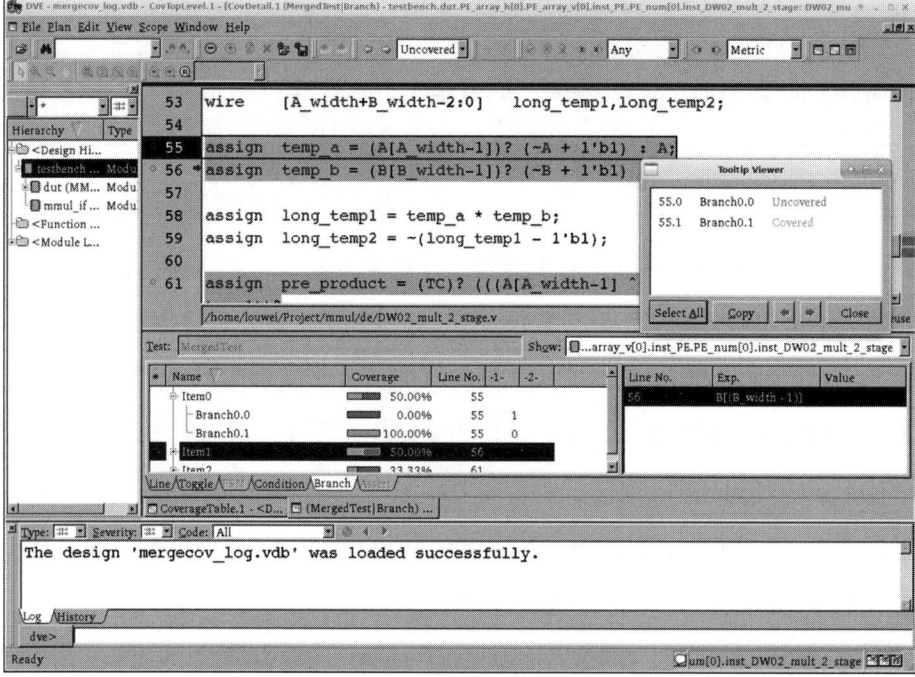

图 3-18 覆盖率细节

在相应代码位置选中所需要排除的项目，通过右键选择 Exclude，或者上方的绿色减号功能按钮，进行 exclude 操作。如图 3-19 所示，被排除的项目将不进行覆盖率统计。

所有的 exclude 信息，既可以通过上方的 exclude 存储按钮存储为一个单独的 el 文件。通过 exclude 打开按钮，可以导入之前存储好的 el 文件。

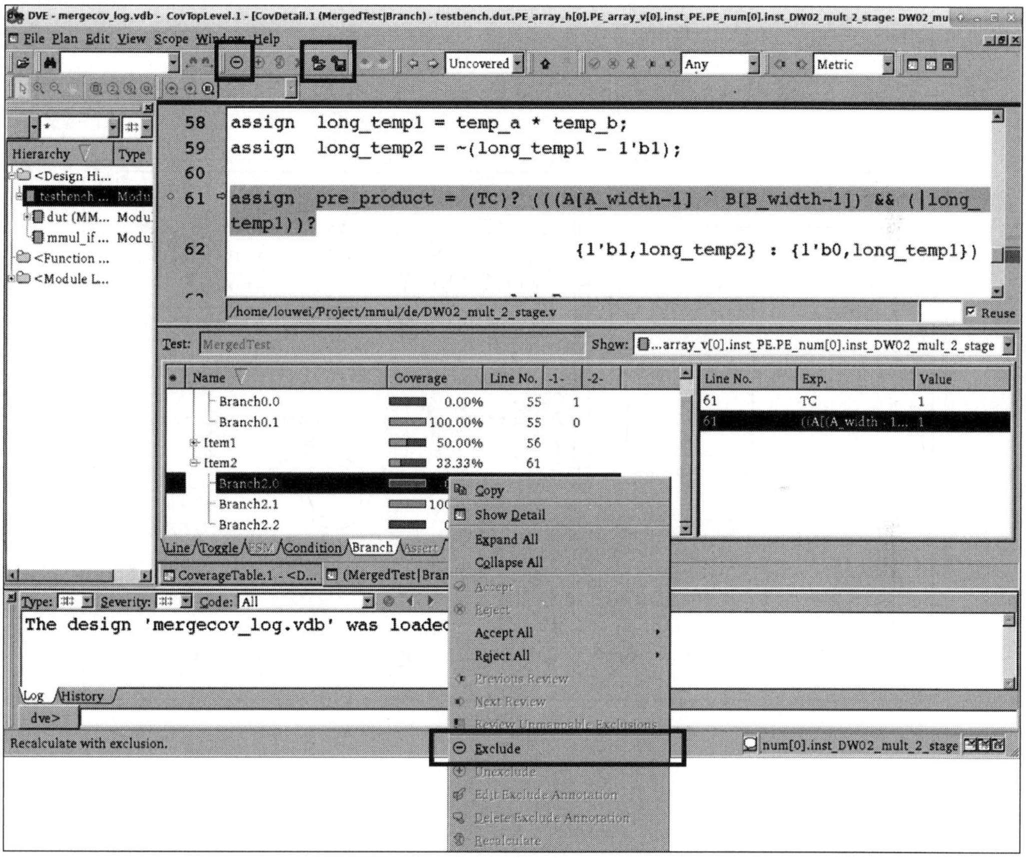

图 3-19　执行 Exclude 操作

二、示波器

示波器是一种用途十分广泛的电子测量仪器，它能把肉眼看不见的电信号转换成看得见的图像。在硅后验证（post-silicon validation）中，示波器经常被用来作为芯片测试的重要工具。

在芯片设计时，为了方便芯片测试，会预留一些管脚用于调试。将这些管脚接在示波器上，通过示波器将波形显示出来，可以看到芯片内部部件的功能状态是否符合预期。

示波器分为多种类型和型号，本节以 SR-8 型双踪示波器为例进行介绍。

（一）面板介绍

SR-8 型双踪示波器是一种典型的全晶体管化的便携式通用示波器。它的频带宽度是 DC 15MHz，可以同时观察测定两种不同电信号的波形并进行分析和比较，也可以把两个电信号叠加后再显示出来。

SR-8 型双踪示波器的面板图如图 3-20 所示。

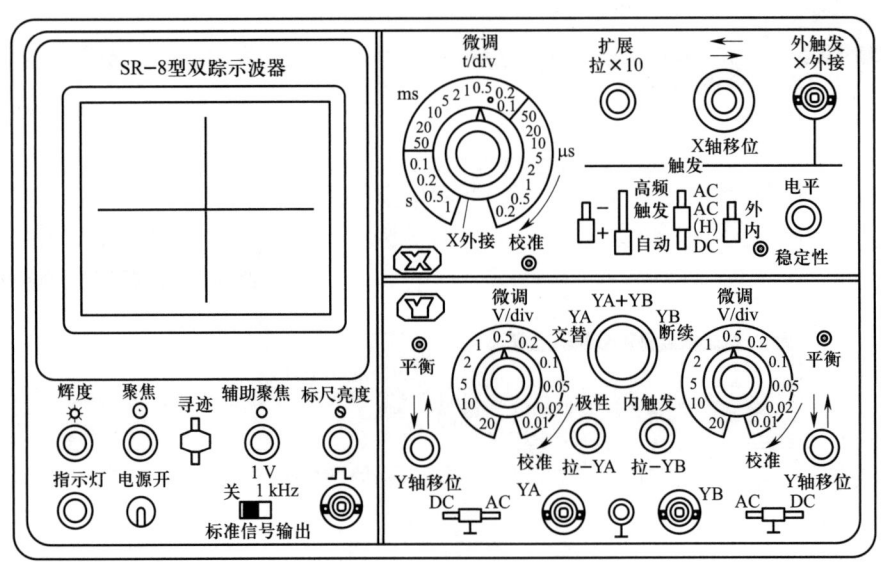

图 3-20 示波器面板示意图

1. 主控面板

（1）电源开：总电源开关。

（2）指示灯：电源指示灯。

（3）辉度：调节波形或光点的亮度。

（4）聚焦：调节波形或光点的清晰度。

（5）辅助聚焦：与聚焦控制旋钮配合调节波形或光点的清晰度。

（6）标尺亮度：调节坐标轴上刻度线的亮度。

（7）寻迹：当按键向下按时，偏离荧光屏的光点回到显示区域，从而寻到光点的所在位置。

（8）标准信号输出：输出 1 kHz、1 V 方波校准信号。

2. X 轴插件

（1）微调：扫描速度选择开关。X 轴光点移动速度由该按钮控制。示波器显示电压与时间关系曲线时，通常以 Y 轴表示电压，X 轴表示时间。

（2）校准：扫描速度校准装置，可借助较高精度的时标信号对扫描速度校准。

（3）扩展拉 ×10：扫描速度扩展装置，为按拉式开关。在"按"的位置时仪器作正常使用。在"拉"的位置时 X 轴放大显示，可扩大 10 倍。

（4）X 轴移位：用来调节时基线或光点的位置，为套轴旋钮。顺时针旋转时，时基线向右移；逆时针旋转时，时基线向左移。套轴上的小旋钮为微调装置。

（5）外触发 X 外接：BNC 型插座。可作为连接外触发信号的插座。也可用作 X 轴放大器外接信号输入插座。

（6）电平：用来选择输入信号波形的触发点，在某一所需的电平上启动扫描。

（7）稳定性：调整扫描电路的工作状态以达到稳定的触发扫描，调准后不需经常调节。

（8）内外：触发源选择开关。在"内"位置时扫描触发信号取自 X 轴通道的被测信号；在"外"位置时扫描触发信号取自"外触发 X 外接"输入端的外触发信号。

（9）AC/AC（H）/DC：触发耦合方式选择开关，有三种耦合方式。

1）AC：交流耦合方式，由于触发信号的直流分量已被切断，因而其触发性能不受直流分量的影响。

2）DC：直流耦合方式，可用于对变化缓慢的信号进行触发扫描。

3）AC（H）：低频抑制的交流耦合状态，通过高通滤波器进行耦合，抑制低频噪声或低频信号。

（10）高频　触发　自动：根据不同的目的或用途选择触发方式。

1）高频：扫描处于高频同步状态，通常用作观察较高频率信号的波形。

2）触发：是观察脉冲信号常用的触发扫描方式，采用来自 X 轴或外接触发源的输入信号进行触发扫描。

3）自动：扫描处于自励状态，不必调整电平旋钮即可自动显示扫描线。

（11）"+ −"：触发极性开关。"+"扫描是以输入触发信号波形的上升沿进行触发并使扫描启动；"−"扫描是以输入触发信号波形的下降沿进行触发并使扫描启动。

3. Y 轴插件

（1）显示方式选择开关：用以选择两个 Y 轴前置放大器 YA 和 YB。它有五个挡位。

1）交替：通道处于交替工作状态，每次扫描轮流接通 YA 或 YB 信号。

2）YA：YA 通道放大器单独工作，仪器作为单踪示波器使用。

3）YA+YB：YA 和 YB 两通道同时工作。通过 YA 通道的"极性"作用开关，可以显示两通道输入信号的和或差。

4）YB：YB 通道放大器单独工作，仪器作为单踪示波器使用。

5）断续：受电子开关的自励振荡频率（约 200 kHz）的控制，使两通道交换工作，从而显示双踪信号。

（2）DC − ⊥ − AC：Y 轴输入选择开关。用以选择被测信号反馈至示波器输入端的耦合方法。它有三个挡位。

1）DC：用于含有直流分量的输入信号。

2）"⊥"：Y 轴放大器的输入端与被测输入信号切断，仪器内放大器的输入端接地，用于检查地电位的显示位置。

3）AC：用于耦合交流分量，并切断输入信号中含有的直流分量。

（3）微调 V/div：灵敏度选择开关及其微调装置。黑色旋钮是 Y 轴灵敏度的粗调装置，从 10 mV/div ~ 20 V/div 分 11 个挡级。红色旋钮为细调装置。可根据被测信号的幅度选择适当的挡级，以便观测。

（4）平衡：当 Y 轴放大器输入级电路出现不平衡时，显示的光点或波形会发生 Y 轴轴向位移，平衡控制器可把这种变化调至最小状态。

（5）"↓↑"：Y 轴移位控制器，它是用来调节波形或光点的垂直位置。

（6）极性　拉− YA：YA 通道的极性转换按拉式开关。当此开关拉出时，YA 通道为倒相显示。

（7）内触发　拉— YB：该按拉式开关用于选择内触发源。开关按下时（常态），扫描的触发信号取自经放大后 YA 及 YB 通道的输入信号。开关拉出时，扫描的触发信号只取自 YB 通道的输入信号。

（8）Y 轴输入插座：BNC 型插座。被测信号由此直接或经探头输入。

（二）使用步骤

下面介绍用 SR-8 型双踪示波器观察电信号波形的使用步骤。

1. 显示方式选择

根据待测信号的特性，选择 Y 轴输入显示方式。

2. 选择 Y 轴耦合方式

根据被测信号的特性，选择 Y 轴输入耦合方式，将"AC-⊥-DC"开关置于 AC 或 DC 位置。

3. 选择 Y 轴灵敏度

根据被测信号的大约峰—峰值，将 Y 轴灵敏度选择 V/div 开关置于适当挡级。如果在测量观察过程中并不需读测电压值，可适当调节 Y 轴灵敏度微调旋钮，使屏幕上显现所需要高度的波形。

4. 选择触发信号来源与极性

根据测试需求，选择将触发信号极性开关置于"+"或"-"挡。

5. 选择扫描速度

根据被测信号周期或频率，将 X 轴扫描速度 t/div 开关置于适当挡级。如果在测量观察过程中并不需读测时间值，则可适当调节 X 轴微调旋钮，使屏幕上显示测试所需周期数的波形。

6. 输入被测信号

被测信号由探头衰减后，通过 Y 轴输入端输入示波器。调节其他控制按钮，得到所需的观测波形。

三、调试器

调试测试工具是芯片开发过程中必不可少的关键器件，可以减轻开发工作量，提高调试和发现问题的效率。

目前，劳特巴赫（Lauterbach）是全球领先的硬件辅助调试工具厂商，提供面向英特尔 x86 架构的 TRACE32 调试工具。该调试工具可通过 Insyde 软件为"InsydeH2O"通用可扩展固件接口（UEFI）BIOS 提供支持。提供的嵌入式开发全生命周期的调试支持，覆盖了 Pre-Silicon，芯片 Bring-Up，Bootloader、Firmware 的开发，OS、App 的调试，以及后续的软件测试等过程，劳特巴赫 JTAG 调试器的扩展功能允许使用 TRACE32 对 InsydeH2O 系统进行全面调试，为 UEFI 所有阶段和组件的开发提供支持。

思考题

1. 人工智能芯片的内容和意义？它有哪些基本分类？
2. 一个典型的基于仿真的验证环境是如何工作的？
3. 测试用例主要分为哪几种类型？验证完备性的检查标准是什么？
4. 如何保证测试用例既不违反协议，又能尽可能实现丰富的激励场景？
5. 如何用 SystemVerilog 实现在不同线程中进行通信？使用了什么数据结构？如何进行例化、连接和传递信息？
6. 如何实现多个线程同步？有几种不同的方式？
7. 试一试将本章验证环境范例自己运行一下，看看波形和仿真结果。
8. 如何利用常用验证工具进行验证工作？

第四章
人工智能芯片典型架构及工具链

人工智能芯片典型架构及工具链给出了一款用于加速神经网络推理计算的典型芯片架构，并提供了网络模型参数及编译器等工具链的概念，在人工智能芯片的学习中具有重要的工程意义。通过学习人工智能计算芯片的典型架构，可以将第二章中所给出的矩阵乘实例放到芯片整体架构中进行理解，从而进一步了解其在芯片整体中的位置及工作方式。完成本章典型架构及工具链的学习，将对人工智能计算芯片的实现有更清晰的认识，进而提高系统级的设计能力。

- **职业功能：** 人工智能芯片架构设计。
- **工作内容：** 人工智能芯片软硬件协同设计。
- **专业能力要求：** 能通过对芯片应用场景的分析，分解神经网络模型参数；了解软件编译器，能完成软件与硬件的协同设计；了解人工智能芯片架构的设计依据，并能根据设计指标优化设计结构，提升芯片性能。
- **相关知识要求：** 了解神经网络的概念及相关的卷积类算法等；了解常见的神经网络模型、网络分解参数及编译器工具的使用；熟悉 RISC-V 设计规范，掌握基本流水线结构实现方案；掌握人工智能芯片支持的运算类型及硬件结构设计，并合理规划芯片内部存储结构；熟悉人工智能芯片的中断与异常处理方式等。

第一节　人工智能芯片架构

考核知识点及能力要求：

- 了解人工智能芯片典型架构的组成；
- 熟悉人工智能芯片流水线实现；
- 熟悉人工智能芯片运算单元实现；
- 了解人工智能芯片存储设计；
- 了解人工智能芯片的中断与异常处理。

一、计算芯片架构概述

人工智能计算芯片通常面向各类神经网络，对神经网络进行抽象运算。其基本内容包含以下几个方面：

（1）将卷积运算抽象成批量的矩阵乘累加运算（MAC）；

（2）将多层感知机、RNN 相关运算抽象成向量与矩阵的乘累加运算；

（3）将 Transformer 中的 FC 层抽象成通用矩阵乘运算；

（4）将激活函数、element-wise 操作总结成一系列 SIMD 结构的向量指令；

（5）将面向软件、矩阵、向量的数据格式转换抽象成矩阵行列变换与转置操作。

一般来说，在确定产品需求后，需要根据所支持的神经网络结构类型开展芯片架构设计，并进行带宽估计、主控单元功能、性能指标的评估。人工智能计算芯片支持多种通用矩阵运算，包括卷积运算（CONV）、深度卷积（depthwise CONV）、反卷积

（de CONV）、池化（pooling）、全连接层（FC）等的计算，同时也支持对数据在卷积运算后的打乱、切分及拼接等操作。

人工智能计算芯片大多通过 ASIC 的方式实现，图 4-1 为人工智能计算芯片的典型设计架构图。

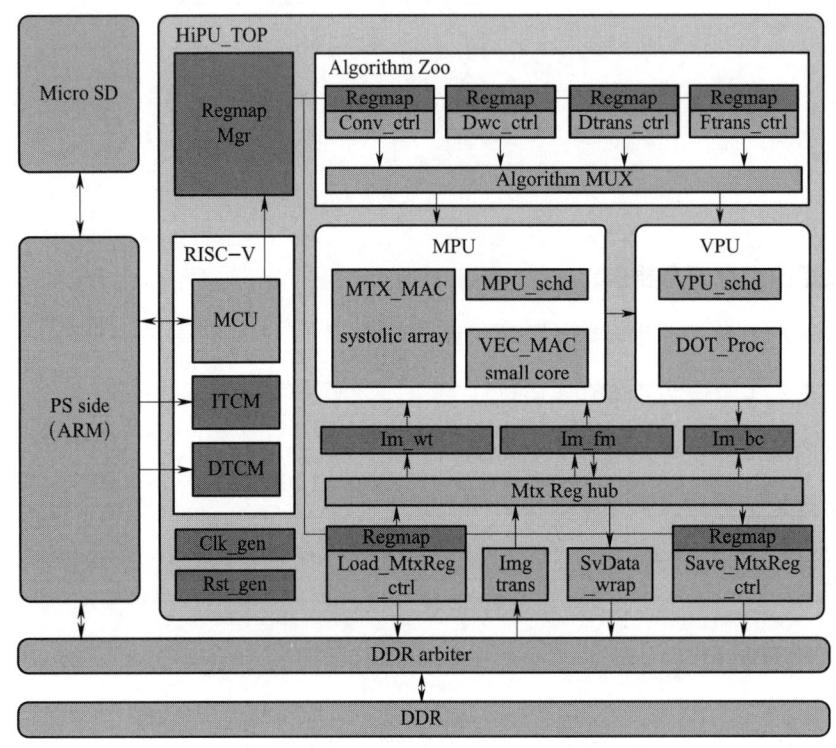

图 4-1　人工智能计算芯片的典型架构

该芯片结构基本可以分为三类，分别为基于 RISC-V 指令集体系的标量流水线模块、处理高密集运算的运算模块和数据读写及格式转换模块。其中 ITCM、DTCM、MCU、Regmap Mgr 共同构成标量流水线模块，Algorithm Zoo、MPU、VPU 及 lm_wt、lm_fm、lm_bc 共同构成运算模块，Load_MtxReg_ctrl、Save_MtxReg_ctrl、Img trans 及 SvData_wrap 共同构成数据读写及格式转换模块。标量流水线模块进行神经网络的流程调度，将数据密集型的格式转换指令、向量运算指令、矩阵运算指令分别送到运算模块各自的指令队列（CMD queue）中。运算模块的两大运算单元根据指令的同步关系协同工作，完成神经网络推理流程。

本节以一个典型的单层 3×3 卷积操作为例，对输入图像数据在高度 H 的方向进行切分，令计算芯片完成 16 行特征图像数据（FM）的卷积运算，从而说明人工智能计算芯片的工作流程。

（1）通过配置 Load MtxReg_ctrl 发起读权重（wt）、偏置（bias）/截位（clip）的操作，从 DDR 读取 wt、bias、clip 等信息，载入到运算单元的 lm_wt 和 lm_bc 中，数据读完后设置 Barrier 指令，获取 wt、bias、clip 等信息配置完成的状态信息。

（2）启动卷积操作，直至完成 16 行数据计算。

计算芯片通过配置 Load_MtxReg_ctrl，发起带格式转换的读 FM 操作，从 DDR 读取一行数据，经 Img Trans 完成数据格式转换，放到 lm_fm 中。重复该操作，直至 lm_fm 内存放的数据行数满足一次卷积计算。本例中需要读入 3 行，即可满足一次 3×3 的卷积计算。

计算芯片通过 Algorithm Zoo 处理矩阵指令，根据不同的计算类型，生成矩阵运算需要的参数，之后由矩阵执行单元（MPU）完成一行 3×3 卷积的乘累加计算，并将结果依次送入到 VPU 中。如果有后处理的需求，则在 MPU 中完成后处理的加 bias、量化、激活函数、饱和保护等功能。

计算芯片通过向量指令，可由向量执行单元 VPU 对输出结果进行相应的向量运算，并将结果写回到 lm_fm 中。

计算芯片通过配置 Save_MtxReg_ctrl，发起带格式转换的写 FM 操作，将一行的计算结果从 Mtx Reg hub 读出，经 Sv Data_wrap 完成数据格式转换后，搬移到 DDR。

重复上述各步骤，直至分配至该计算核的 16 行 FM 计算全部完成。

二、流水线设计

流水线是现代处理器获得高性能的重要法宝。通过流水线可以降低处理器的周期时间（cycle time），从而获得更快的执行频率。在理想情况下，流水线的划分需要满足以下几个条件。

（1）流水线中每个阶段所需要的时间都是近似相等的。最长的流水段所需要的时间决定了整个处理器的周期时间。

（2）流水线的每个阶段的操作都会被重复地执行，因为人工智能计算芯片中支持的指令类型有很多种，不同的指令类型需要的操作是不同的。

（3）流水线中每个阶段的操作和其他流水段相互独立，互不相干。

人工智能计算芯片中标量指令与流水线的写回机制绑定，可以看作一个标准的 RISC 处理器，其中包含的流水线结构可以处理标量指令、向量指令、矩阵指令等。经典的 RISC 处理器流水线划分如图 4-2 所示。

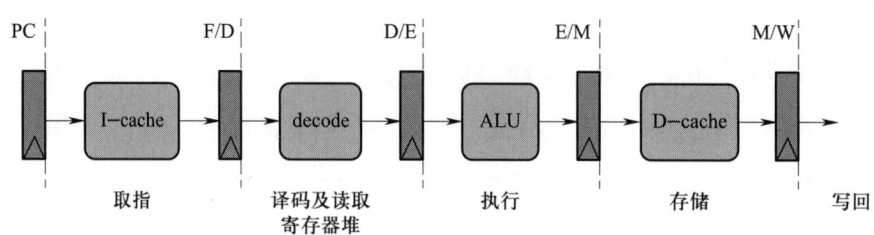

图 4-2　经典的 RISC 处理器的流水线

在取指（fetch）阶段，主要完成取指令的操作。使用 PC 寄存器的值作为地址，从 I-Cache 中取出指令，并将指令存储在指令寄存器中。

在译码及读取寄存器堆（decode & regfile read）阶段，对指令进行解码，并根据解码出的值来读取寄存器堆（register file），得到指令的源操作数。

在执行（execute）阶段，根据指令的类型，完成计算任务，例如对算术类型的指令完成算术运算，对访问存储器类型的指令完成地址的计算等。

在存储（memory）阶段，访问 D-cache。该阶段只对访问存储器类型的指令起作用，其他类型的指令在这个流水段不会做任何事情。

在写回（write back）阶段，如果指令存在目的寄存器，则将指令最终结果写到目的寄存器中。

图 4-3 为五级流水的实际执行流图。

基于经典的 RISC 处理器流水线，本教程所给出的实例中，对标量流水线模块进行了一些细化。

在取值阶段，从 DDR 读取数据后的流水线有两级，第一级流水线进行分支预测，即粗粒度预测，第二级流水线进行更细粒度的预测。粗粒度预测仅根据当前 PC 进行预测，细粒度预测则根据取回的指令对之前的预测进行修正。在分支预测的第一级，

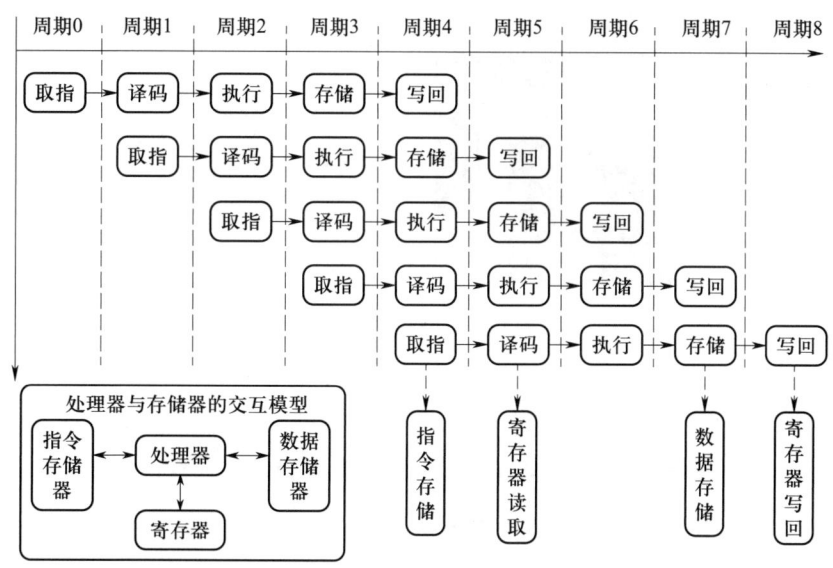

图 4-3 五级流水的过程示意

采用动态预测的方法,采用基于局部历史的饱和计数器进行方向预测;采用分支目标缓冲(BTB)和返回地址堆栈(RAS)对跳转地址进行预测;在分支预测的第二级,会根据饱和计数器对跳转方向做最后预测,同时快速译码模块会根据译码结果,迅速判断出当前跳转指令的类型,并将指令类型更新到 BTB 的表项中。

在译码阶段会译码出操作数、操作码以及需要用哪个执行单元(FU)进行计算,通过记分板(scoreboard)来进行结构冒险和数据冒险的依赖解除,从而能够将指令进一步发射到执行单元。

标量指令采用双发射顺序执行(in-order)的方式执行。标量执行单元采用资源最小设计原则,包含 4 组不同种类的 FU:ALU/BRU、ALU/AGU、MDU 以及 LSU。

三、运算单元设计

矩阵运算在人工智能计算芯片中具有重要的作用。运算单元是整个人工智能计算芯片的核心计算单元,主要用来实现矩阵乘。

对于人工智能芯片而言,每个卷积运算的特征图像数据 FM 可以视为多个二维图片叠在一起,组成形成以三维形式,如图 4-4 所示。三维数据的三个方向分别定义为 W 方向、H 方向和 C 方向。在运算单元取数据的时候,需要仔细规划读取数据的方向

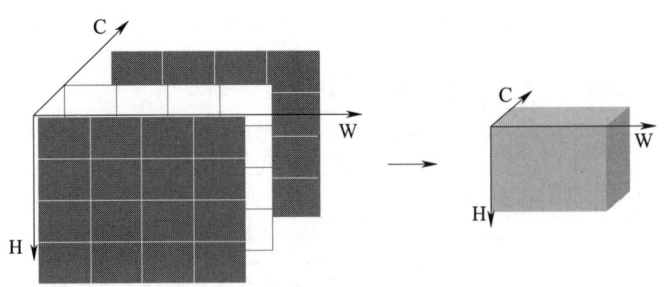

图 4-4 特征图 feature map

及个数,同时计算出输出特征图像 OFM 的数据排列方式。

芯片的矩阵计算基本结构是 MAC 阵列,本例中 MAC 阵列默认实现 8 bit 有符号数运算,通过数据重排及调度,也支持实现 16 bit 等其他位宽数据的矩阵运算。

下面以一个卷积运算实例,给出人工智能计算芯片对特征图像数据的处理过程。

卷积计算时取得数据的基本方法是,每次取得数据的最小单位为 N 个数据点,每个数据点的大小为 1Byte,其中,N 的大小可根据芯片实际需求进行综合考量后得出。一般来说,会沿着三维图像数据的通道深度 C 方向依次读取 N 个数据点。在图 4-5 中,这样一组数据点用一个小长方体表示。

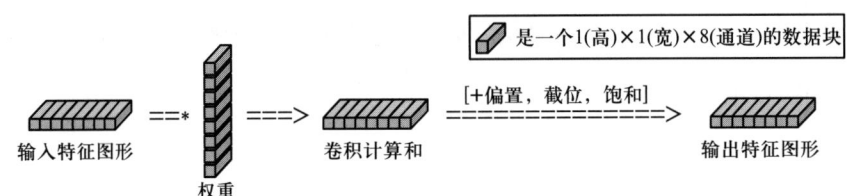

图 4-5 一个最简单的卷积操作

考虑一个最简单的 kernel 为 $1×1$ 的卷积 Conv 的运算转化。在本教材前文中,给出了矩阵乘 $4×4$ 的 MAC 阵列示意,本例就以该结构下对输入特征图像(IFM)进行卷积运算的过程进行说明。MAC 阵列在一个周期内可实现两个 $4×4×8$ bit 的矩阵相乘的运算,计算结果为一个 $4×4×32$ bit 的矩阵。

如下文:

IFM: $2(h)×12(w)×8(c)$.

WT: $8(n) \times 1(h) \times 1(w) \times 8(c)$.

OFM: $2(h) \times 12(w) \times 8(c)$.

为了提高神经网络的运算速度，加快芯片的计算效率，在算法上可以对特征图选用多种切分方式，运算单元根据算法指定的切分方案从特征图像数据中读取待运算的 IFM 数据，以及权重 WT 上的数据。在本例中，我们选择沿着通道 C 方向进行取数的方案，如图 4-6 所示。

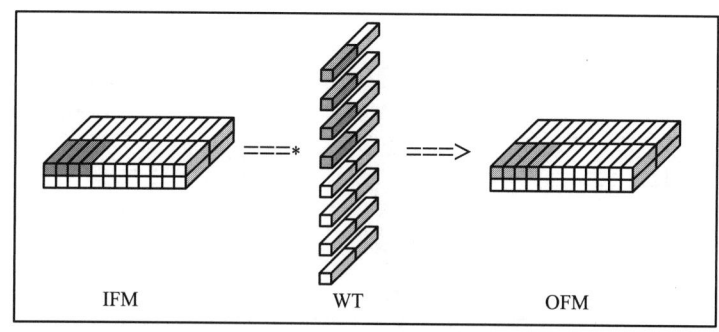

步骤1：分别从IFM和WT中取出首次运算数据

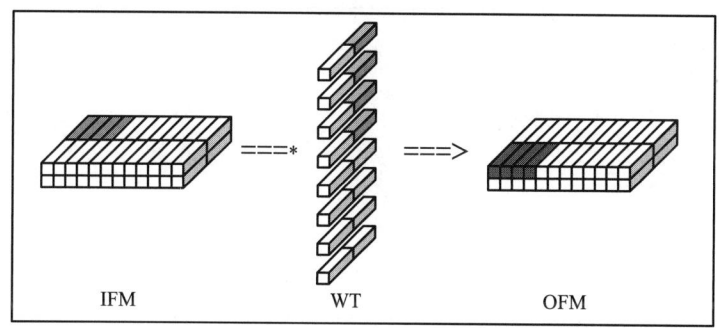

步骤2：沿着通道方向取出第二组数据，在第一步产生的OFM上进行累加

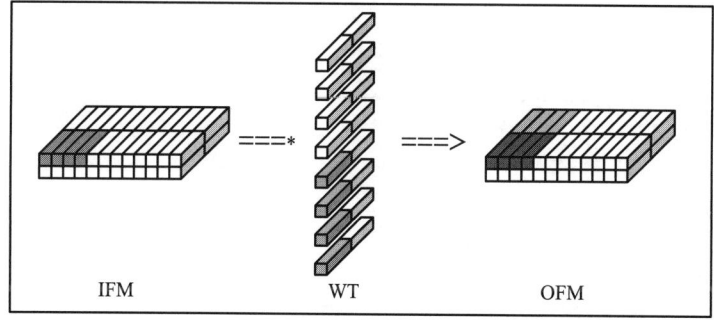

步骤3：沿着通道方向取出第三组数据，计算下一组OFM

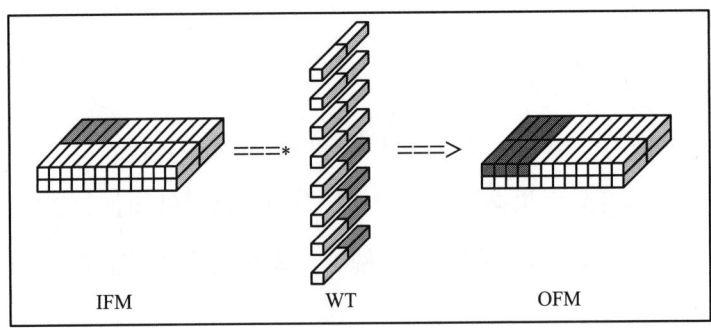

步骤4：沿着通道方向取出第四组数据，累加产生OFM

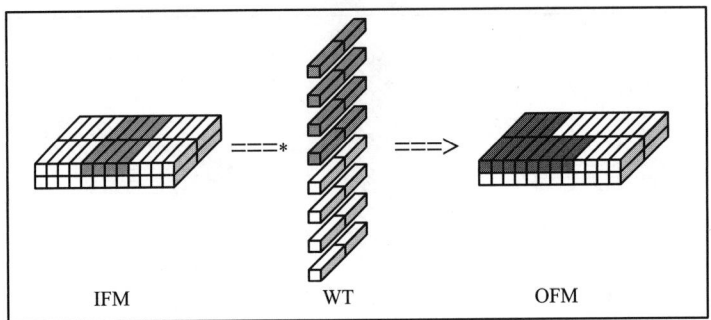

步骤5：沿着W方向移动，类似于步骤1和2，计算得出OFM

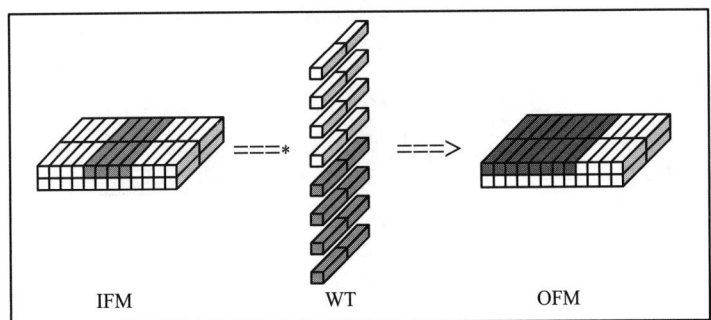

步骤6：WT沿着N方向移动，类似于步骤5，计算得出OFM

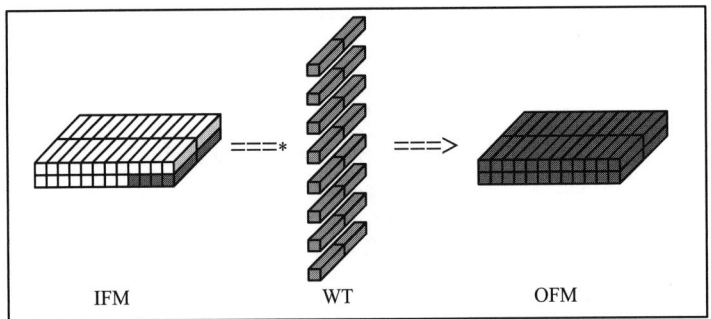

步骤7：依次取数，最终得到全部的OFM

图 4-6　特征图 IFM 完成卷积运算输出 OFM 的全过程

将 IFM 从通道 C 方向以 4 个点（每个点为 1Byte）切分，取出每一份第一列中 C 方向第 0～3 个点，从宽度 W 方向上依次取出 4 组数据，每组数据为 4 个点，拼接为一个 4×4×8 bit 的矩阵，即紫色条块拼出的矩阵。WT 也在通道方向上做以 4 个点为单位的切分，然后取出前 4 个 WT 的 C 方向的前 4 个点，也拼接为一个 4×4×8 bit 的矩阵。将这两个矩阵数据送入运算单元的 MAC 阵列，可以算出相应的矩阵乘结果，即图 4-6 步骤 1 所示的淡灰色矩阵区域。

第二次取值，从 IFM 的 C 方向行进，取出每一份第一列中 C 方向第 4～7 点。WT 也在 C 方向行进，取出其方向 4～7 的点。再次将这两个矩阵数据送入运算单元的 MAC 阵列，算出矩阵乘结果。这个结果，需要与第一步得到的数据进行累加，得到第一组 OFM 输出值，即图 4-6 步骤 2 的深色所示区域值。

第三次取值，回到步骤 1 的 IFM 取值位置，取出与步骤 1 类似的矩阵数据，WT 则在 N 方向上行进，取出其方向 4～7 的点，组成新的矩阵数据。将这两个矩阵送入 MAC 阵列，算出的矩阵乘结果作为新一组的 OFM 的部分值，暂存于运算单元的存储结构中，即图 4-6 步骤 3 所示的淡灰色矩阵区域。

第四次取值，从 IFM 的 C 方向行进，取出与步骤 2 类似的矩阵数据，WT 也在步骤 3 的位置上沿着 C 方向行进，取出其方向 4～7 的点。再次将这两个矩阵数据进行矩阵乘，得到的结果与步骤 3 进行累加，得到前 4 组 OFM 全通道的输出值。即图 4-6 步骤 4 的深色所示区域值。

第五次取值，IFM 沿着 W 方向行进，依次取出与步骤 1、2 类似的矩阵数据，WT 也采用同样操作，分两次取出权重数据，与 IFM 进行矩阵乘，得出 OFM 在 W 方向行进后的值。如图 4-6 步骤 5 所示的新增深色区域。

随后下一次取值，IFM 不变，WT 沿着 N 方向移动，随后分两次取出权重数据，与 IFM 进行矩阵乘，得出 OFM 在 W 方向行进后的全通道输出值。如图 4-6 步骤 6 所示的新增深色区域。

最终，根据上述的取数规律，依次完成全部 IFM 的数据读入，经过多个时钟周期，运算单元完成全部 OFM 数据计算，并存储于内部的存储结构（LM_FM）中去。如图 4-6 步骤 7 所示，为最后一次的运算结果。

实际上，由于算法的不同，特征图像和权重的取数方案并不是固定的。例如特征图像也可以不先沿着 C 方向行进，而是沿着 W 方向行进。具体方案可根据芯片的性能需求进行设计。

在硬件结构上，运算单元主要包含几个部分：Algorithm Zoo、MPU、VPU。而 lm_wt、lm_fm、lm_bc 是该运算单元中的存储模块。其中 Algorithm Zoo 主要生成矩阵运算的控制信号，通过一系列 CSR 寄存器来实现对 MAC 阵列的配置和控制，从而用于在不同网络中支持卷积、Depthwise 卷积、反卷积等不同的运算。MPU 用于做矩阵计算以及矩阵运算后的乘累加及后处理的运算，VPU 用于做向量运算。lm_wt 用于存储矩阵运算中的权重数据，lm_bc 用于存储矩阵运算中的偏置（bias）数据，lm_fm 是计算神经网络的可读写 Memory，一般用于存储矩阵运算中的特征图像（feature map）数据，不仅存储输入特征图像数据（IFM），也用于存储矩阵运算中的输出特征图像数据（OFM）。

四、存储设计

人工智能计算芯片的存储设计需要为缓存（cache）、只读存储（LMRO）、读写存储（LMRW）、数据存储（DTCM）及调试（debug）分配存储空间。本例中的数据空间分配如图 4-7 所示。

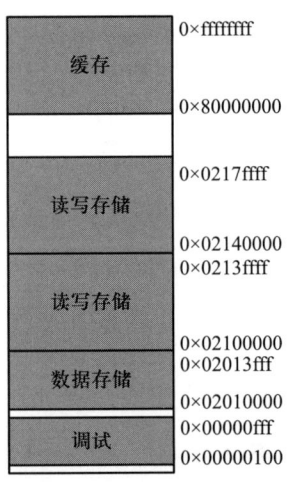

图 4-7　数据空间分配

各模块对存储空间的访问权限见表 4-1。

表 4-1　　　　　　　　　　各模块对存储空间的访问权限

存储空间名	标量访问	向量矩阵访问	支持原子操作
cache	是	—	—
LMRO	—	是	—
LMRW	是	是	—
DTCM	是	—	是
debug	是	—	—

本地存储设备包括标量指令访问的 DTCM、向量指令及矩阵指令访问的 LMRW 和 LMRO。其中，DTCM 支持标量原子操作功能，也可以用作快速变量的存储。DTCM 由于容量很小，也可以采用寄存器文件来搭建。LMRO 中存储的 weight、bias 数据为只读数据，LMRW 中存储的 FM 数据为可读可写数据，一般采用 SRAM 进行实现。

一般存储器都存在着一个基本性能矛盾，即读写速度高的器件容量比较小，而容量大的器件则读写速度相对较低。在设计中，需要根据存储器的应用场景仔细规划，完成折中设计，需要根据存储器的应用场景进行仔细规划。对于处理器而言，其执行的数据一般具有时间相关性和空间相关性。时间相关性是指之前使用过的数据过一段时间还会使用，空间相关性是指地址相邻的 A 和 B，当 A 被使用过，那么很有可能 B 也会被使用到。cache 是由于存储器访问速度远慢于处理器的处理速度而出现的妥协的产物，主要利用的就是数据的时间相关性和空间相关性。这样当处理器需要请求下一级存储器数据的时候，首先查找 cache 中是否存在该数据，如果存在则优先使用 cache 中的数据，以此缓解存储器的读取时间和容量的直接矛盾。

cache 的基本结构如图 4-8 所示，左侧为一块 RAM 用来存储标签（tag），右侧为另一块 RAM 用于存储数据（data）。一个 tag 和它所对应的所有数据组成的一行称为一个 cache line，cache line 中的数据部分称为数据块。如果一个数据可以存储在 cache 中的多个地方，这些被同一个地址找到的多个 cache line 称为 cache Set。

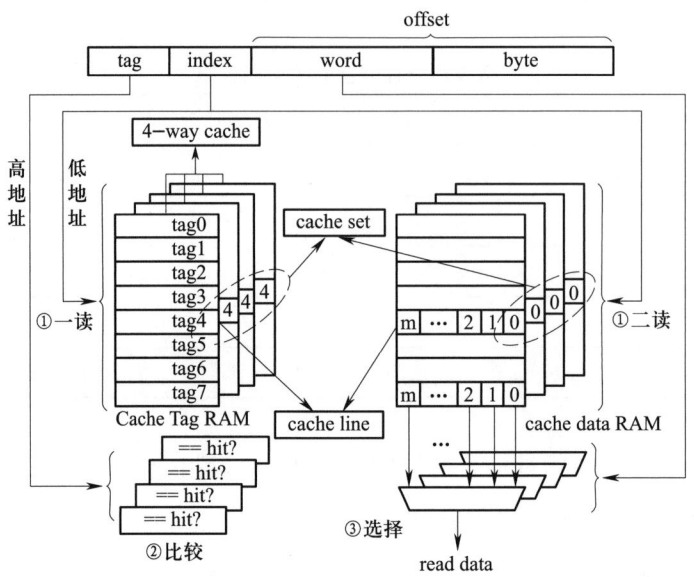

图 4-8 cache 的结构示意

cache 的组织形式主要分为：直接映射（direct mapped）、组相连（set associative）和全相连（fully associative）。直接映射是指对于物理内存中的一个数据来说，cache 中只有一个地方可以容纳它；组相连的 cache 是指 cache 中有多个地方都可以放置这个数据；全相连 cache 是指任何一个地方都可以放置这个数据。在本文结构中，I-cache 和 D-cache 采用组相连的结构。

当需要访问 cache 的时候，首先使用 index 对两块 RAM 进行寻址，然后通过比较 RAM 中的 tag 值和地址高位中的 tag 值，决定 cache 值是否命中，如果命中，那么就对 data RAM 中的数据进行读取或者写入。

与向量和矩阵指令相关的数据不适合 cache 的管理机制，因此这里采用固定地址的方式来处理。LMRO 存储 weight 和 bias 数据，仅在矩阵运算中使用。LMRW 存储特征图像数据 FM，向量指令和标量指令均可访问，但需要注意数据同步问题。在人工智能计算芯片的运算过程中，需要从系统读取 FM、wt、bias、clip 等数据，为了实现同时存取的需求，LMRW 和 LMRO 均采用多 BANK 设计。

在芯片结构图中，Load_MtxReg_ctrl、Save_MtxReg_ctrl、Img trans 及 SvData_wrap 主要执行矩阵运算数据的搬移及格式转换。通过上节运算单元的介绍，可以知道 MAC 进行运算时需要传入特定数据格式的数据。计算芯片接收到数据搬移指令后，通过 Load_MtxReg_ctrl 依次生成数据在 DDR 中的地址信息，从 DDR 中执行载入操作。当数据传入 Img_trans 单元后，该单元在 Load_MtxReg_ctrl 的控制下对数据进行重排处理，之后存入 LMRW 或者 LMRO 中，供计算单元运算时使用。当运算单元完成计算后，生成的 OFM 数据存入 LMRW 中，在 Save_MtxReg_ctrl 控制下，通过 SvData_wrap 完成数据写回 DDR。

根据第三节中所给出的 WT=1×1 的卷积运算实例，下面分别给出 FM、WT 和 BC（bias/clip）的存放方式。

FM 的展开存放方式为将一行相邻的 4 个位置的相同通道组的数据（4 通道为一组）放在内存的相同地址，优先存放每个像素点的所有通道。如图 4-9 所示。

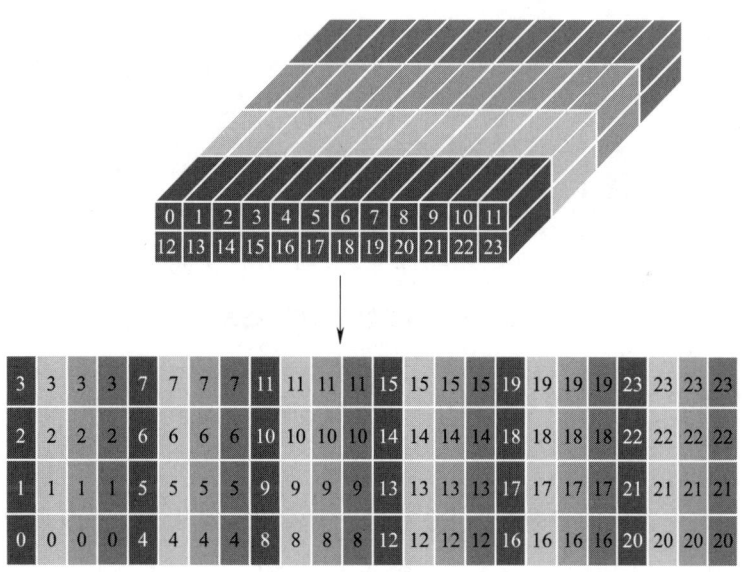

图 4-9　FM 数据的存储格式

根据计算时 FM 数据格式和计算的类型的不同，WT 的格式会有所区别。当 FM 按照上述格式排布时，WT 在存放时会将对应点的一组数据（即 N 方向上依次取 4 个）的 4 个通道数据放在一个地址上，如图 4-10 所示。为了将 WT 的存放规律描述清晰，本例中将 WT 扩展为 2（W）×2（H）×16（C）×8（N）大小。先存放第一组 4 个 WT 的（H=0，W=0）点的 4 组 channel，直至第一组 16 个通道的 4 个点数据全部存放完，再开始存放第二组的数据。

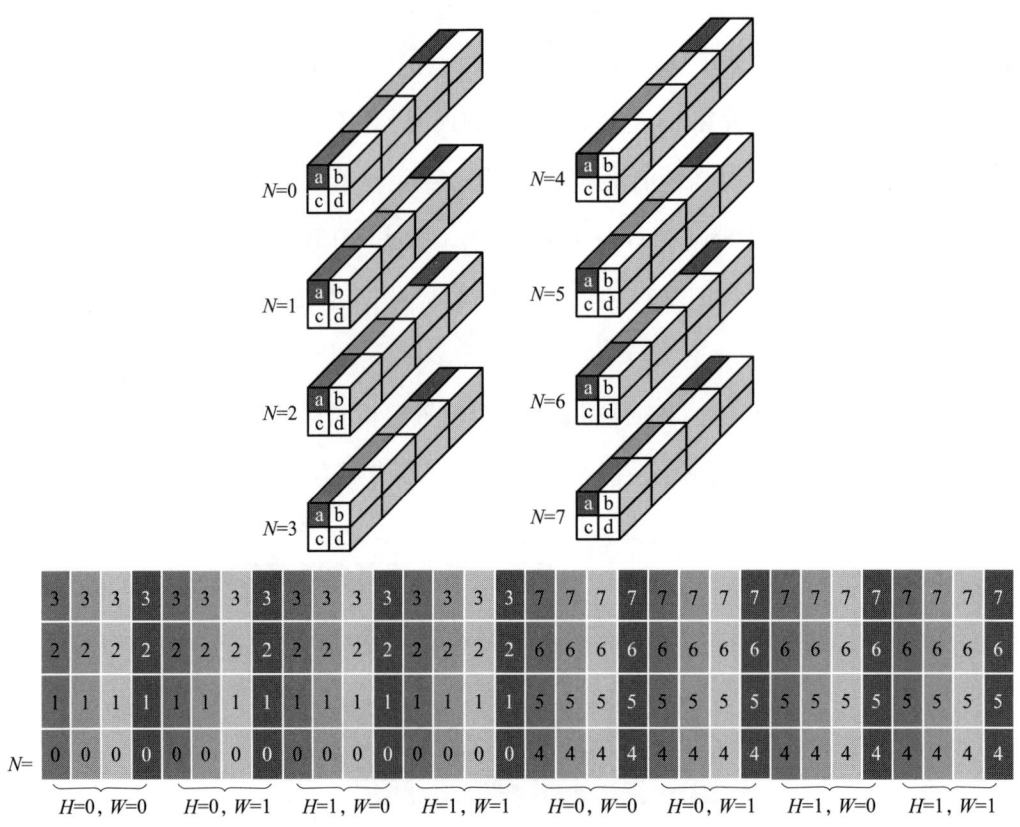

图 4-10 WT 数据的存储格式

在向量乘矩阵、DWC 等计算模式下，WT 的存储格式会发生变化，在本文中就不展开介绍了。

后处理过程所需要的参数，即 BC 数据，与输出通道相关，一般来说，每个输出通道有一组偏置 bias 和截位 clip 参数，因此，可以将每个通道的 bias 和 clip 参数组合排列，例如图 4-11 所示方案。这个方案下，bias 只能存放 24 bit 数据。当运算中实际需要的 bias 位数较多时，也可以选取两列存储地址用于存放一个通道的 BC 数据。

1B	clip		$N=3$	$N=7$	……
	bias[23:16]		$N=2$	$N=6$	……
	bias[15:8]		$N=1$	$N=5$	……
	bias[7:0]		$N=0$	$N=4$	……

图 4-11 WT 数据的存储格式

五、中断及异常

中断（interrupt）指的是在执行程序过程中，处理器外部产生紧急事件需要处理，因而暂时中止当前程序执行，自动转入中断服务程序。处理完毕后，再返回原来的程序执行。

异常（exception）指的是在程序执行过程中，发现与当前指令关联的、不正常或错误的事件。执行程序的过程中，在流水线的很多阶段都可能发生异常，例如流水线执行阶段可能发生缺页（page fault）的异常，解码阶段可能发生未定义指令的异常等。

另一种解释是中断与异常都可以被统称为广义上的异常。广义上的异常被分为两种：

（1）同步异常：执行某个程序流，能稳定复现的异常，能较为精确地确定是哪条指令引发的异常。（例如程序流里有一条非法指令。属于内因）

（2）异步异常：异常产生的原因与当前的程序流无关，与外部的中断事件有关。（由外部事件引起的。属于外因）

（一）异常处理机制

RISC-V 处理异常需要控制状态（CSR）寄存器。当处理器的程序在正常执行当中发生了异常，处理器就会强行跳转到一个指定的 PC 地址。这个过程定义为"陷阱（trap）"。

1. 进入异常处理流程

（机器模式下）当异常发生后，处理器会做如下处理：

（1）处理器停止执行当前的程序流，转而跳转 mtvec 寄存器定义的 PC 地址开始执行。

（2）将异常原因记录到 mcause 寄存器中。

（3）将异常的返回地址保存到 mepc 寄存器中。

（4）将异常发生时的存储器访问地址或者指令编码保存到 mtval 寄存器中。更新 mstatus 状态寄存器。

2. 退出异常处理流程

（机器模式下）当处理器处理完异常之后，软件上要执行 MRET 指令，然后处理器会做如下处理：处理器停止执行当前的程序流，转而跳转 mepc 寄存器保存的 PC 地址开始执行。更新 mstatus 状态寄存器。

（二）中断处理机制

HOST 通过配置寄存器的方式给人工智能计算芯片发出中断请求。在本架构实例中，主要定义了以下几种中断类型。

（1）外部中断：外部中断可以有多种原因，以处理器核的一个单比特输入信号进行标识，采用 mie 的高 21 位扩展而来。

（2）计时器中断：计时器中断使用 mtime 和 mtimecmp 两个 CSR 寄存器来进行配置，mtime 寄存器里的值会以恒定频率递增，当 mtime 的值大于或等于 mtimecmp 的值时就会产生计时器中断。

（3）软件中断：软件自己触发的中断。编程时向 msio 寄存器写 1，即可触发软件中断。

中断服务程序入口设计可以采用向量模式，也可以采用固定入口模式。

六、总结

本节对人工智能计算芯片的架构组成及各个主要模块进行了介绍。其中，流水线部分是芯片指令执行的"调度师"，同时完成标量运算功能；运算单元主要解决了神经网络中"高并发+高耦合"的数据运算需求；存储单元实现了对反复迭代计算过程中的数据存取；中断与异常机制完成了芯片与其他外围单元的实时交互、优先级支持及故障处理等任务。对于人工智能芯片而言，由于芯片架构与其所支持的神经网络结构类型密切相关，且根据芯片应用场景不同，其性能、功耗等要求也不同，因此芯片架构设计时应结合具体情况对各个部分进行统筹处理。

第二节 人工智能芯片软件工具链

考核知识点及能力要求：

- 了解网络模型参数优化的目的和方法；
- 了解人工智能芯片编译器的概念和意义。

一、网络模型及参数优化（剪枝、量化）

神经网络模型是机器学习、深度学习的核心，不同的问题需要搭建不同的神经网络模型。神经网络模型按照信息输入是否存在反馈，一般可以分为两种：前馈神经网络和反馈神经网络。

前馈神经网络（feedforward neural network）中，信息从输入层开始输入，每层的神经元接收前一级输入，并输出到下一级，直至输出层。整个网络信息传输中没有反馈，即任何层的输出都不会影响前一层。常见的前馈神经网络包括卷积神经网络（CNN）、全连接神经网络（FCN）、生成对抗网络（GAN）等。

反馈神经网络（feedback neural network）中，神经元不但可以接收其他神经元的信号，而且可以接收自己的反馈信号。与前馈神经网络相比，反馈神经网络中的神经元拥有记忆功能，在不同时刻拥有不同的状态。常见的反馈神经网络包括循环神经网络（RNN）、长短期记忆网络（LSTM）、玻尔兹曼机和 Hopfield 网络等。

神经网络的基本运算包括乘法运算和加法运算。为了在硬件上实现神经网络处理功能，需要为每个基本运算单元设计独立的加法器和乘法器，我们将其称为乘累加运算单元（MAC），每个基本运算单元包含一个 MAC 单元。

随着深度学习的发展，神经网络模型的性能变得越来越强大。与此同时，模型的参数量正变得越来越大，计算复杂度也变得越来越高，对硬件资源的消耗也更高，导致算法模型越来越难以部署在计算资源有限的硬件平台上。为此，需要在尽可能不降低算法性能的前提下，对模型进行压缩，减少神经网络参数量，从而减少带宽占用和计算功耗，提高性能。对于模型压缩，剪枝和量化是目前最常见的两种解决方案。

神经网络中有大量的冗余参数，在推理过程中只有少部分的权值参与有效的计算，并对推理结果产生主要影响。剪枝就是把神经网络中冗余的权值、节点或层去掉，缩小网络规模，降低计算复杂度，使得网络模型在推理精度和推理速度上达到平衡。图 4-12 是模型剪枝前后的比较。

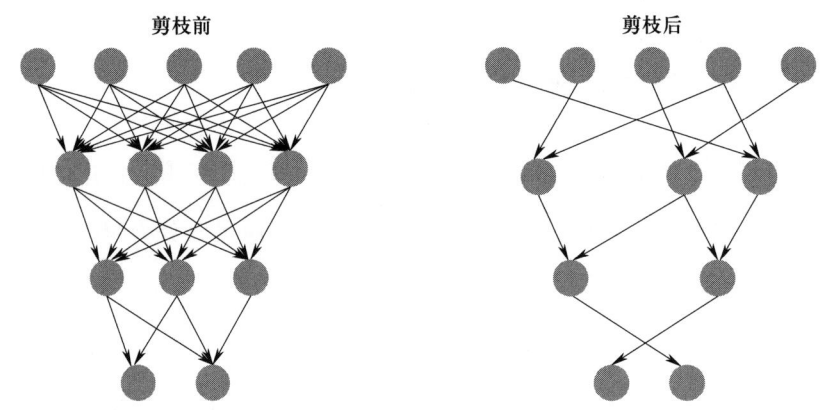

图 4-12　网络模型剪枝

根据剪枝的基本操作，可以将其分为"非结构化剪枝（unstructured pruning）"和"结构化剪枝（structured pruning）"两大类。"非结构化剪枝"一般是对权重矩阵中的单个或整行、整列的权重值进行修剪，修剪后的新权重矩阵会变成稀疏矩阵（被修剪的值会设置为 0）。硬件平台需要针对这种稀疏矩阵计算，进行专门的架构设计，使得剪枝后的模型获得真正的性能提升。"结构化剪枝"一般是对权重矩阵的一个或多个通道进行修剪。由于结构化剪枝没有改变权重矩阵本身的稀疏程度，普通的硬件平台就可以实现很好的支持。

在网络模型训练和推理过程中，一般使用的是 fp32（32 位浮点型）。fp32 表示范围大，精度高，但需要占用 32 bit 的存储空间，高比特位宽意味着模型的体积更大，硬件资源的消耗更多，推理速度更慢。通过使用更低比特的精度，在尽量保持原模型性能的同时，获得尺寸更小、硬件资源占用更少、推理速度更快的模型是目前的发展方向。把深度网络模型中高比特的权值和特征值用更低比特来表示的方法称为模型量化。

量化本质上是数值范围的一种调整，目前主流的神经网络量化是将 fp32 数据映射到 int8（8 位整型）的范围内。好的量化不会造成精度的损失，而且可以显著地减少内存需求、带宽占用、计算能耗和芯片面积。由于量化后的模型主要是整数类型的，在使用 NPU 进行推理的时候通常会比浮点类型快很多。相较于浮点运算，定点 int8 每次计算的功耗消耗会少很多，这对于低功耗嵌入式设备来说是非常关键的。

二、软件工具链

软件工具链是芯片设计的灵魂，其设计友好性、功能完备性等会直接对设计芯片的性能产生影响。人工智能芯片由于超大规模和高并行的特点，其芯片设计相比于传统芯片更为复杂，因此其对软件工具链的要求更高。

在人工智能芯片软件工具链中，编译器是其中最重要的组成部分。软件层面采用的高级语言如 C、C++、Java、Python 等是不能直接被芯片识别的，需要通过编译器将它们高效地转换为芯片硬件可以理解的二进制机器码。人工智能芯片的编译器是一种特定领域的编译器，负责将神经网络的训练和推理在 CPU、GPU、TPU 等上快速部署。与传统编译器不同的是，人工智能芯片编译器包括多层中间表达形式（intermediate representation，IR，如图层、算子层），以及面向神经网络的特定优化（如自动微分、量化/混合精度、大规模并行、张量运算、循环优化等），如图 4-13 所示。

人工智能芯片的编译器通常不需要传统编译器厚重的词法分析程序和解析器，其输入直接就是一种描述深度学习模型的 IR，通过对该 IR 的优化，并结合硬件特性来生成机器码。而为了在芯片设计前端更便捷地使用高级语言和在后端对算子进行高效优化，人工智能芯片的编译器通常采用多层 IR 设计。如 MindCompiler（MindIR）、

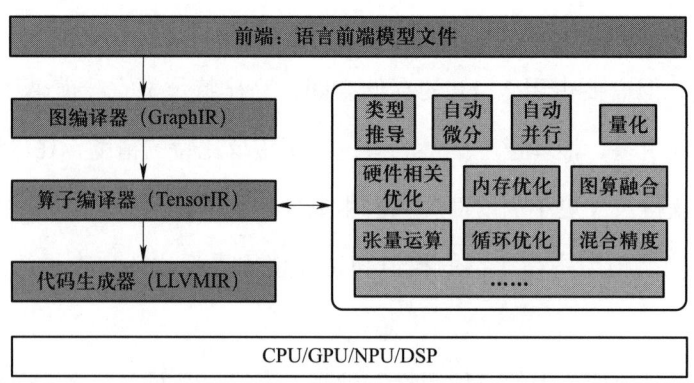

图 4-13　人工智能芯片编译器框架示意图

Relay 等人工智能芯片图编译器，除了可进行传统编译器常见的常量折叠、代数简化、公共子表达式等优化外，还会完成布局文件（layout）转换，算子融合等优化。此种编译器基于分析和优化后的计算图逻辑，对原有计算逻辑进行拆分、组合及融合等操作，从而减少算子执行间隔时间和能耗，以此提升对神经网络的执行效率。

人工智能芯片的编译器一般都会有高层级 IR，用来抽象地描述深度学习模型中常用的运算，如卷积、乘法累加等。由于人工智能芯片中编译器的特殊性，其在进行编译优化时可以引入人工智能领域特定的先验知识，从而进行更强、更激进的假设，以实现更好地优化。例如在人工智能计算中，计算会被抽象成张量的计算，因此人工智能芯片的编译器对数据的处理也是张量计算，从而提高效率。此外，编译器面向人工智能领域的特定优化还有自动微分、数据并行、算子级模型并行和重计算等。

人工智能芯片中编译器的发展也面临着挑战。首先，通用人工智能芯片编译器难以实现。早期的人工智能芯片编译器通过抽象基于张量的计算图，即图和算子，以及动态图和静态图来实现。算子通过设计者定义或硬件厂商提供。然而设计者难以结合硬件特性来定义算子粒度，因此无法充分发挥硬件的性能。此外，硬件生产商所提供的算子库也难以满足设计者需求，从而无法让设计者实现理想的设计。为此，目前的人工智能芯片编译器重点通过打开图和算子的边界进行融合优化，以此实现对芯片算力的充分发挥。然而，在 IR 中，图层和算子层的表达依然是分开的，并且 IR 之上的优化也难以实现，如动态图和静态图的统一、稀疏、复数、自动并行等。其次，自动并行和自动微分的特定优化困难重重。当前针对大模型训练时碰到的内存墙主要通过复杂的切分策略来解决，包括流水线并行、优化器并行、重计算等。这种方式最大的挑战就是需要手工去配置切分策略，导致编译门槛高、效率低。虽然，类似半自动并行的方式可以解决部分效率问题，然而要想最大程度地提高效率则需要结合编译和寻优，以自动化地找到并行策略。对于自动微分，传统都是动态图通过控制流展开的方式实现，而静态图的控制流自动微分还没有完善的方法。

除编译器外，人工智能芯片软件工具链还有调试器、汇编器等一系列工具。然而在进行人工智能芯片设计时，都需先经过熟悉芯片架构和算法的设计人员规划，再通过工具链完成相应步骤，从而实现芯片设计。目前，人工智能芯片工具链发展刚起步，其自动化程度和性能与实际需要差别较大，因此很多大规模人工智能芯片的设计都是通过工具链和手工优化结合完成的，不同的人工智能芯片厂商都有各自的软件工具链以供设计者使用。

思考题

1. 人工智能计算芯片主要应用于哪些场景？芯片结构中主要包括哪些功能模块？
2. RISC-V 的流水线主要可以分为几级？每级的功能是什么？
3. 计算芯片的运算单元主要包括哪两部分？支持的数据运算类型都有哪些？与神经网络的联系是什么？
4. 什么是异常和中断？如何执行异常和中断的情况？
5. 神经网络的剪枝和量化是什么？如何实现？人工智能的软件工具链包括哪些？

参考文献

［1］韩栋，周圣元，支天，等．智能芯片的评述和展望［J］．计算机研究与发展，2019．

［2］尹首一．人工智能芯片概述［J］．微纳电子与智能制造，2019．

［3］罗晓慧．人工智能背后的机器学习［J］．电子世界，2019．

［4］Jason Swartz．Scala 学习手册［M］．苏金国，杨健康，等译．北京：中国电力出版社，2016．

［5］张强．UVM 实战［M］．北京：机械工业出版社，2014．

［6］刘斌．芯片验证漫游指南［M］．北京：电子工业出版社，2018．

［7］夏宇闻．Verilog 数字系统设计教程［M］．北京：北京航空航天出版社，2017．

［8］阎石．数字电子技术电路基础［M］．北京：高等教育出版社，2016．

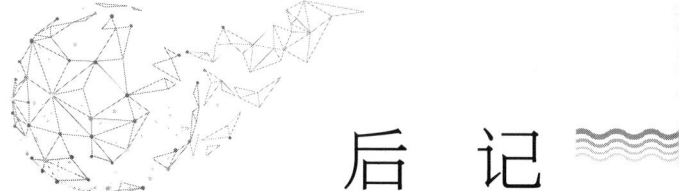

后　记

  在如今的社会环境中，人工智能成为重心，同时改善了数十亿人的生活，在诸多领域遍地开花，领域覆盖制造、交通、电力、金融、互联网等各行各业。人工智能产业规模增长迅速，但由于行业技术密集程度高、从业人员学历要求显著高于其他领域等原因，我国人工智能产业人才队伍还存在较大缺口。

  《中华人民共和国国民经济和社会发展第十四个五年规划和2035年远景目标纲要》提出，发展算法推理训练场景，推动通用化和行业性人工智能开发平台建设。为深入实施人才强国战略，加强全国专业技术人才队伍建设，促进专业技术人才能力素质提升，根据国家"十四五"规划和2035年远景目标纲要，人力资源社会保障部、财政部、工业和信息化部、科技部、教育部、中国科学院联合发布《专业技术人才知识更新工程实施方案》，以进一步加强专业技术人才队伍建设，推进专业技术人才继续教育工作。

  2019年4月，《人力资源社会保障部办公厅　市场监管总局办公厅　统计局办公室关于发布人工智能工程技术人员等职业信息的通知》（人社厅发〔2019〕48号）发布。

  在人力资源社会保障部、工业和信息化部的部署和指导下，中国电子技术标准化研究院牵头开展《人工智能工程技术人员国家职业技术技能标准（2021年版）》（以下简称《标准》）的研制工作，北京航空航天大学、百度在线网络技术（北京）有限公司、上海依图网络科技有限公司、上海燧原科技有限公司、上海商汤智能科技有限公司、星云融创科技有限公司、北京旷视科技有限公司、科大讯飞股份有限公司、北京易华录信息技术股份有限公司、中国机械工程学会、第四范式（北京）技术有限公司、北京来也网络科技有限公司、青岛伟东云教育集团有限公司、中国国信信息总公司等单位共同编写。2021年9月，《标准》由人力资源社会保障部、工业和信息化部联合发布，详见《人力资源社会保障部办公厅　工业和信息化部办公厅关于颁布集成电路工程技术人员等7个国家职业技术技能标准的通知》（人社厅发〔2021〕70号）。

为更好地指导人工智能从业人员开展技术技能培训和评价，补充人工智能人才缺口，根据《标准》，人力资源社会保障部专业技术人员管理司指导中国电子技术标准化研究院，组织有关专家开展了人工智能工程技术人员培训教程（以下简称教程）的编写工作，用于全国专业技术人员新职业培训。

人工智能工程技术人员是从事与人工智能相关算法、深度学习等多种技术的分析、研究、开发，并对人工智能系统进行设计、优化、运维、管理和应用的工程技术人员，共设三个等级，分别为初级、中级、高级。初级、中级、高级均设五个职业方向：人工智能芯片产品实现、人工智能平台产品实现、自然语言及语音处理产品实现、计算机视觉产品实现、人工智能应用产品集成实现。

与此相对应，教程也分为初级、中级、高级培训教程，分别对应其专业技术考核要求。此外，《人工智能基础知识》对应标准基本要求部分。《人工智能基础知识》教程是各等级培训教程的基础。

在使用本系列教程开展培训时，应当结合培训目标与受训人员的实际水平和专业方向，使其学习应掌握的内容。在人工智能工程技术人员各专业技术等级的培训中，《人工智能基础知识》是初级、中级、高级工程技术人员都需要掌握的；各职业方向培训过程中，可以根据培训方向与受训人员实际，选择使受训人员掌握人工智能芯片产品实现、人工智能平台产品实现、自然语言及语音处理产品实现、计算机视觉产品实现、人工智能应用产品集成实现五个职业方向的相应内容。培训考核合格后，受训人员获得相应证书。

初级教程是《人工智能工程技术人员（初级）——人工智能芯片产品实现》《人工智能工程技术人员（初级）——人工智能平台产品实现》《人工智能工程技术人员（初

后 记

级）——自然语言及语音处理产品实现》《人工智能工程技术人员（初级）——计算机视觉产品实现》《人工智能工程技术人员（初级）——人工智能应用产品集成实现》。上述五册分别涵盖了《标准》中相应职业方向初级应具备的专业能力和相关知识要求。

本教程适用于大学专科学历（或高等职业学校毕业）及以上，电子信息类、自动化类、计算机类等工科专业学习背景，具有较强的学习能力、计算能力、表达能力和逻辑思维能力，参加全国专业技术人员新职业培训的人员。

人工智能工程技术人员需按照《标准》的职业要求参加有关培训课程，取得学时证明。初级 64 标准学时，中级 80 标准学时，高级 80 标准学时。

本教程是在人力资源社会保障部、工业和信息化部相关部门指导下，由中国电子技术标准化研究院组织编写，来自北京航空航天大学、西安交通大学、华南理工大学、江南大学、南京理工大学、华中科技大学、上海商汤智能科技有限公司、第四范式（北京）科技有限公司、北京数美时代科技有限公司、北京易华录信息技术股份有限公司、武汉船用机械有限责任公司、北京来也网络科技有限公司等高校及科研院所、企业的人工智能领域的核心专家参与了编写和审定，同时参考了多方面的文献，吸收了许多专家学者的研究成果，在此表示衷心感谢。

由于编者水平、经验与时间所限，本教程的不足与疏漏之处在所难免，恳请广大读者批评与指正。

本书编委会

2022 年 11 月